U0181825

本书获得上海市新闻出版专项资金(数字出版)资助

走近南美洲动物

何 鑫 刘秀梅 冯 羽 主编

上海大学出版社

图书在版编目（CIP）数据

"走近动物系列".走近南美洲动物 / 何鑫，刘秀梅，冯羽主编.—上海：上海大学出版社，2022.1
ISBN 978-7-5671-4330-2

Ⅰ.①走… Ⅱ.①何… ②刘… ③冯… Ⅲ.①动物-南美洲-青少年读物 Ⅳ.①Q95-49

中国版本图书馆CIP数据核字（2021）第223075号

责任编辑 石伟丽
装帧设计 柯国富
技术编辑 金 鑫 钱宇坤

ZOUJIN NANMEIZHOU DONGWU

走近南美洲动物
何 鑫 刘秀梅 冯 羽 主编
出版发行 上海大学出版社
社 址 上海市上大路99号
邮政编码 200444
网 址 www.shupress.cn
发行热线 021-66135112
出 版 人 戴骏豪

印 刷 上海新艺印刷有限公司
经 销 各地新华书店
开 本 787mm×1092mm 1/12
印 张 $9\frac{1}{3}$
字 数 190千字
版 次 2022年1月第1版
印 次 2022年1月第1次
书 号 ISBN 978-7-5671-4330-2/Q·11
定 价 58.00元

版权所有 侵权必究
如发现本书有印装质量问题请与印刷厂质量科联系
联系电话：021-56683339

总 顾 问　褚君浩（中国科学院院士）

主　　编　何　鑫　刘秀梅　冯　羽

科学顾问　张劲硕　程翊欣

编　　委　（以下排名不分先后）
　　　　　何　鑫　冯　羽　卓京鸿　赵　妍　宋婉莉　高　艳　李小庆
　　　　　严沁毅　王晨玮　金　娴　陈佳佳　周进强　艾丽菲拉　程翊欣
　　　　　刘　毅　李明学　张　晖　沈梅华　姜　楠

美术指导　梅荣华

绘　　图　（以下排名不分先后）
　　　　　余佳欣　徐喆优　刘　艾　王思婕　张程凤　黄曾祺　黄晓雯
　　　　　程怡雯　陈雅琪　陈怡昕　葛圆媛　吕彬灏　姚聃妮　张绮轩
　　　　　陈昕怡　王炎婷　经乐妍　冯永明

技术支持　上海耀想信息科技有限公司
　　　　　科大讯飞股份有限公司

特别鸣谢　华东师范大学
　　　　　上海市香山中学
　　　　　国家动物博物馆
　　　　　上海博物馆
　　　　　上海自然博物馆
　　　　　上海市黄浦区半淞园路街道
　　　　　中国科普作家协会

目 录

序：南美大陆　心往神驰

对于热爱野生动物的读者来说，最希望去哪里看最酷的野生动物？是非洲的稀树草原，欧洲的地中海沿岸，南亚次大陆、中南半岛或巽他群岛，澳大利亚或新西兰，还是南北极？

似乎地球每一个角落都值得我们去探究，我们不一定有能力延续自己生命之长度，却可以拓展自己生命之宽度——每一次博物之旅，每一次观赏野生动物之行，都会让我们短暂的人生变得愈加丰富多彩！

对我而言，我最想去南美洲的亚马孙热带雨林，也想去绵延不断的安第斯山脉，在厄瓜多尔西部海域还有进化论发源地——加拉帕戈斯群岛——这里简直是生物学"圣地"！南美大陆保存了十分古老的生物，就像澳大拉西亚，这里可以见到原始的有袋类哺乳动物——负鼠。

这里的灵长类极为特殊，比如它们的鼻子就比包括我们人类在内的旧大陆的灵长类的鼻子要宽阔和膨大得多，科学家称它们为"阔鼻猴"。它们的两个鼻孔之间距离较大，且往两侧撇着，不知道读者朋友注意过没有，下次去动物园，若见到卷尾猴、蜘蛛猴、狨猴、松鼠猴……一定要多看一眼它们的鼻孔。我经常开玩笑：若一只阔鼻猴坐在你的身侧，它们擤鼻涕的时候，一定会从侧面喷你一脸。

看过《猴子捞月》的动画片或是听过这个故事，我们不禁感慨猴子们的聪明——它们会把尾巴卷在树枝上，一个拽着一个的尾巴，倒挂着去捞月亮；我们又感慨猴子们的无知和有趣——因为它们永远捞不到月亮。可是，我们被这个故事"蒙蔽"了，好像猴子都会把尾巴卷起来，像手一样握住树枝。其实，也只是南美洲的一些具有卷尾能力的灵长类动物才具备这样的本事！所有旧大陆的猴子们，只能"望洋兴叹"啦！

我们国家有豹猫，南美洲有虎猫；我们亚洲有虎、豹、亚洲狮、马来貘、单峰驼和双峰驼，南美洲有美洲豹（亦称美洲虎）、美洲狮、南美貘、无峰驼（原驼、羊驼以及大羊驼、小羊驼）；我们旧大陆有野猪、疣猪，南美洲有西猯。南美洲有世界上最大的啮齿类动物——水豚，还有幼时长有长爪子的麝雉……而在加拉帕戈斯群岛上还有生活在赤道附近的热带企鹅——加岛环企鹅，以及加拉帕戈斯象龟、加岛嘲鸫、海鬣蜥、陆鬣蜥……

　　我把眼睛一闭，满脑子浮现的都是南美洲的动植物，这片大陆太神奇了！科学家每年都在不断发现新的物种，我的一些同事和朋友，就在这片神奇的土地上发现了很多猴，发现了小黑貘，发现了犬浣熊属的新物种……

　　我相信，只要您看过相关的纪录片，或者读过相关的图书、资料，抑或真的前往南美洲，您一定会爱上这片土地的！

　　前几年，我有幸去过两次亚马孙热带雨林的上游地区，去过两次加拉帕戈斯群岛，去过四次安第斯山脉北麓。这些经历只能算是短暂的一瞬，所见所闻也只是这片广袤大地及其万千生命的一瞥一现。我是多么渴望还有机会去令人梦绕魂牵、流连忘返的南美洲啊！

　　当下，远渡重洋不太现实，但当我翻看上海博物馆冯羽老师参与主编的这本大作时，不仅勾起了我的回忆，也让我重温南美洲动物的知识与趣闻。冯老师是一位多产的科普作家，精研勤学，笃志躬行；近些年连续多部大作行世，带领读者深入各地野生动物世界，读来酣畅淋漓，妙趣横生，令人赏心悦目！

　　这本书不仅带给我们丰富的知识和趣闻，同时告诉我们，地球上每一个生命都值得尊重，爱护它们便是爱护我们自己。博学的知识，博爱的情怀，博雅的气质，从每一次阅读开始！

　　是为序。

张劲硕 博士

国家动物博物馆副馆长（主持工作）

于中国科学院动物研究所

2021年4月6日

前 言

　　你知道吗？从地理位置而言，位于地球另一面的南美洲，是距离我们最为遥远的一片大陆。对于它的了解，你有多少呢？是巴西的足球与桑巴，阿根廷的梅西与探戈，还是印加文明？其实，从大自然的角度，南美大陆一样大有可谈。

　　这里有世界上最为壮阔的热带雨林——亚马孙雨林，世界上水量最为丰沛的河流——亚马孙河，世界上最长的山脉——安第斯山脉。丰富的自然生境孕育了众多波澜壮阔的生命，而孤悬于海洋的数千万年时间，又使得这里的动植物物种独具特色。在这里，你可以看到世界上其他大陆都没有的动物类群，例如以行动缓慢著称的树懒，与野猪相似但全然不同的西貒，浑身带甲、能蜷成球状保护自己的犰狳……除此之外，属于阔鼻猴类的卷尾猴、松鼠猴、吼猴和狨猴，也与世界上其他灵长类动物全然不同。在亚马孙河里，还有世界上体形最大的淡水豚——亚马孙河豚在畅游。而在岸边，则有兼具强健体魄与灵敏技巧的美洲豹。至于鸟类，安第斯山顶上有世界上翼展最宽的猛禽之一——安第斯神鹫，山脚下则有各式各样体形微小、色彩斑斓的蜂鸟，更不要说著名的金刚鹦鹉和巨嘴鸟了。

　　南美洲壮阔的生物多样性是地球自然世界的珍宝。早在19世纪初，德国科学家亚历山大·冯·洪堡就通过在南美洲长达5年的大量考察，撰写了《新大陆热带地区旅行记》（30卷，为世界上第一部区域地理巨著），推动了近代自然科学的发展。在洪堡之后，受他启发奔赴南美洲的科学家众多，包括伟大的生物学家查尔斯·达尔文。1832年，达尔文所乘坐的贝格尔号到达南美洲，在随后的三年多时间里，他的足迹遍及巴西、阿根廷、智利、秘鲁以及厄瓜多尔外海的加拉帕戈斯群岛，对于动植物自然历史的丰富考察经历，最终促使达尔文产生深刻的思考并创立了生物演化学说。

　　就像这些伟大的科学家一样，南美洲，这片神奇的大陆，不断激励着一代又一代人对大自然进行探索。这样的野生动物乐土，值得我们了解，值得我们珍视，希望《走近南美洲动物》能首先带你走进这个自然殿堂。

何　鑫

2021年3月

一、南美洲简介

（一）名称及地理位置

南美洲（South America）是"南亚美利加洲"的简称，美洲的南半部。东濒大西洋，西临太平洋，北临加勒比海。

（二）面积大小

南美洲面积1 797万平方千米（包括岛屿），约占世界陆地总面积的12%。

（三）总体地貌

南美洲大陆北宽南窄。西部安第斯山脉纵贯，东部久经侵蚀的古老高原和低平的冲击平原相间分布。

安第斯山脉由一系列山脉、山间盆地、高原组成，海拔多在3 000米以上，许多高峰超过6 000米。由于安第斯山脉处于环太平洋火山和地震带，因此，区域内火山活跃，地震频繁。

（四）南美洲之最

安第斯山脉是世界上最长的山脉，全长8 900千米，最宽处800千米，也是世界上高大的山系之一。其中，阿空加瓜山的海拔达到了6 960米，为美洲和西半球最高峰。图蓬加托火山海拔6 800米，为世界最高活火山之一。

亚马孙平原是世界上面积最大的河流冲积平原，约560万平方千米，除部分属哥伦比亚、秘鲁和玻利维亚外，大部分在巴西境内。

亚马孙河是世界上流域面积最广、水量最大的河流，为世界第二长河。长度超过1 000千米的支流有20多条。

南美洲多瀑布，其中，安赫尔瀑布落差达979米，是世界上落差最大的瀑布。南美洲湖泊不多，其中，马拉开波湖是南美洲最大的湖泊。

（五）南美大陆风姿的缩影——巴西

巴西位于南美大陆东部和中部，是南美洲疆域最大的国家。

你知道巴西的自然景观有多么丰富多彩吗？简直可以包罗南美大陆的万种风姿！北部是亚马孙

平原，终年高温多雨，为世界最大的热带雨林区；中部和南部是巴西高原，分属热带草原和亚热带森林气候；东部沿岸有狭长平原。境内水力资源异常丰富，拥有亚马孙河、巴拉那河和圣弗朗西斯科河三大水系。

你能想象巴西拥有多少种动植物资源吗？因为巴西地域辽阔，气候多样，所以非常适宜动植物的生存和繁衍。广阔的亚马孙森林里居住着大约15 000种动物，包括体长仅40厘米的狨猴，能倒挂在树上几小时不动弹的三趾树懒，浑身披有"盔甲"、遇敌便蜷成球形的巴西三带犰狳等，其中有相当一部分为巴西特有物种。巴西的森林覆盖率达62%，植物资源也非常丰富，全世界已知植物种类中的1/4都能在巴西找到。

二、让我们一起认识一下在南美洲生活的动物吧!

智慧明星——卷尾猴和松鼠猴

明星名片

人们口中常说的卷尾猴和松鼠猴其实是卷尾猴科（Cebidae）中的卷尾猴亚科（Cebinae）和松鼠猴亚科（Saimiriinae）成员的泛称。它们曾经与体形更小的狨猴共同组成了卷尾猴科。随着科学研究的发展，科学家们发现狨猴与卷尾猴和松鼠猴的差别还是较大的，于是将它们独立为狨科。为了与分布于亚欧大陆的灵长类相区分，有时候人们也会称呼美洲的这些猴子为新大陆猴或新世界猴。虽然卷尾猴和松鼠猴的体形与我们熟悉的亚欧大陆的猴子相比小了不少，但与体形特别娇小的狨猴相比，松鼠猴和卷尾猴就没有那么袖珍了，而在不少种类身上，尾巴比它们的身体还要长。松鼠猴和卷尾猴分布于中美洲和南美洲的热带雨林地区，是南美洲灵长类动物的中坚力量。这些小猴子基本为杂食性的，主要以水果和昆虫为食，偶尔也会取吃坚果、花蕾、鸟蛋和各种小型动物。

Capuchin and Squirrel Monkey

界：动物界 Animalia
门：脊索动物门 Chordata
纲：哺乳纲 Mammalia
目：灵长目 Primates
科：卷尾猴科 Cebidae
亚科：卷尾猴亚科 Cebinae
　　　松鼠猴亚科 Saimiriinae
属（部分）：
　　卷尾猴属 *Cebus*
　　强壮卷尾猴属 *Sapajus*
　　松鼠猴属 *Saimiri*

卷尾猴的名字有什么含义？ 在中文中，卷尾猴的名字指代的是它们身体上一个显著的特点——卷尾。作为新大陆猴类，它们与旧大陆猴类的表面区别除了鼻孔位置有所差异外，还有一个明显的差异——尾巴。对于旧大陆的猴子而言，尾巴的最大作用就是保持身体平衡，所以对于那些尾巴很短的旧大陆猴而言，尾巴已经没什么功能了，但新大陆猴不一样，它们将自己的尾巴开发成了第五个肢体，能够部分代替手脚的功能。这一点在卷尾猴的亲戚——蜘蛛猴科（Atelidae）中发挥到了极致，蜘蛛猴能够直接用长长的尾巴末端抓握树枝或者食物，所以挂在树上时，远看就像一只大蜘蛛，故而得名。卷尾猴科成员的尾巴虽然没有那么夸张，但它们的尾巴末端下侧没有毛发，也能够将自己的身体挂在树枝上，而且因为它们也常常把尾巴末端半卷起，所以也就有了"卷尾猴"这个中文名。

卷尾猴有哪些代表性种类？ 虽然我们常常直接称呼卷尾猴，但其实其大多数时候是一个泛称，指代的是一共22个卷尾猴亚科物种。不过，巧合的是，其中还真的就有一种动物的中文名就叫卷尾猴。卷尾猴的学名是*Cebus capucinus*，而英文名是White-faced Capuchin或White-headed Capuchin，由于翻译的问题，人们也会称其为白头卷尾猴、白面卷尾猴或白喉卷尾猴。总之就是因为这个大名就叫"卷尾猴"的种类，虽然身体上的毛大多为黑色，但脸部周围和喉部为白色或黄白色，故而得名。此外，卷尾猴属（*Cebus*）还有4种，它们有时会被统一称为纤细卷尾猴。好莱坞系列电影《加勒比海盗》中的那只抢眼的小猴子可能就是依据这类卷尾猴的形象制作出来的。另外，还有一个叫强壮卷尾猴属（*Sapajus*）的类群，它们一共有5种。这几种小猴子身形比卷尾猴属的更壮实一些，科学家们叫它们强壮卷尾猴。其中最有代表性的是分布较广的黑帽卷尾猴（*Sapajus apella*），英文名是Black-capped Capuchin，有时候在中文翻译中也会称它们为黑帽悬猴。系列电影《博物馆奇妙夜》中出现的那只调皮的小猴子应该就是一只黑帽卷尾猴。

纤细卷尾猴和强壮卷尾猴有哪些差别？ 2011年的一项分子生物学研究才将纤细卷尾猴和强壮卷尾猴这两个属的物种拆开。科学家们认为，纤细卷尾猴和强壮卷尾猴这两类卷尾猴是在大约620万年前分化开的，他们推测，这可能是由亚马孙河的形成引起的。亚马孙河以北的卷尾猴逐渐演化成了今天的纤细卷尾猴，而生活在南部的卷尾猴演化成了强壮卷尾猴。与强壮卷尾猴相比，纤细卷尾猴的四肢较长，头骨更圆，而强壮卷尾猴的下颚更为强壮，更适合咬开坚硬的坚果。另外，还有重要的一点是强壮卷尾猴的头顶有冠状的毛发，看起来像是精心设计过的发型，而且它们的雄性还长有隐约的胡须。

卷尾猴有多聪明？ 许多年以前，自诩为万物之灵的人类，认为人与动物的区别在于动物不能使用工具。然而现实是，随着对于许多物种研究的深入，科学家们发现，除了人类以外，还有一些灵长类动物也能够灵活地使用工具。卷尾猴就是其中之一，它们最喜欢的就是使用石块来砸开坚果，并用石块在土上挖坑寻找食物。除了用石块外，它们对于木棍的使用也是得心应手。在利用小工具解决问题上，在非人灵长类家族中，只有黑猩猩能够完成得更好。很有意思的一点是，处于发情期的雌性卷尾猴会通过将石块丢向它心仪的对

象来表达爱意。研究发现，卷尾猴甚至能够制造简单的石器，这可颠覆了人们以往的认知。它们能够用拇指和指尖微妙地捏和操纵物体，从而实现有限的精确抓握。它们还会相互模仿学习，这一方面说明卷尾猴的手灵巧性十足，另一方面也说明它们拥有复杂的社会结构。

松鼠猴和松鼠有联系吗？ 与卷尾猴一样，人们口中常说的松鼠猴也并非只是一种动物，而是松鼠猴亚科的通称，一共有7种。这些松鼠猴亚科的小猴子与卷尾猴科的其他同类相比，除了会在树上获取各种食物外，也很喜欢到地面上觅食。它们是新大陆猴中唯一一类会长时间待在地面上寻找昆虫和水果等食物的猴子。松鼠猴白天活动，通常喜欢10—30只为一群，有时也形成达100只甚至更多的大群。各群都有自己的地盘范围，并用肛腺的分泌物作地界。松鼠猴的体长大多在30厘米左右，但它们的尾巴长度往往超过40厘

米。灰黄色的体色、活泼好动的性格以及在树枝间跳来跳去的运动方式和生活习性，使它们看起来与松鼠十分相似。当然，作为灵长类动物，松鼠猴和松鼠的亲缘关系并不近。正是因为南美洲没有松鼠的分布，所以松鼠猴和狨猴在某种程度上占据了松鼠在生态系统中的位置。

松鼠猴有什么典型特点？ 在松鼠猴亚科中，最典型的正是中文名称就叫松鼠猴（*Saimiri sciureus*）的这一种。人类对它们的研究颇多。我们都知道，有时候会使用大脑占身体的比例来衡量动物的聪明程度，松鼠猴的大脑占身体的比例很高，这也说明它们是极为聪明的小猴子。松鼠猴体形纤细，长长的尾巴毛厚且柔软。它们的口缘和鼻吻部为黑色，眼圈、耳缘、鼻梁、脸颊、喉部和脖子两侧均为白色，头顶是灰色到黑色，背部、前肢、手和脚则为黄色，腹部是浅灰色。另外，它们还有一双大大的眼睛和一对大耳朵。新大陆猴类的一大特点是尾部具有缠绕和抓握功能，这一点在松鼠猴身上也有所体现。不过松鼠猴只有小时候才有这个功能，长大后，长长的尾巴大多只有保持平衡的功能了。除此之外，它们的叫声也十分多样，被认为有20余种不同的语句，用于在相互交流时表达不同的含义。

判断对错

1. 卷尾猴的尾巴能发挥第五个"手脚"的作用。
2. 卷尾猴能制造石器。
3. 松鼠猴会使用石块砸碎坚果。
4. 松鼠猴在南美洲与松鼠有竞争关系。
5. 只有一种松鼠猴。

答案：1.√ 2.√ 3.× 4.× 5.×

袖珍小猴——狨猴

明星名片

狨猴学名Callitrichinae，是一类猴子的统称，不过这类猴子与我们熟悉的猴子不太一样，它们都生活在南美洲和中美洲。在分类上，它们属于狨科（Callitrichinae），一共47种。它们隶属于灵长目中的阔鼻小目。这些猴子的鼻部软骨间隔很宽，鼻孔开向侧方，鼻孔之间的间距较宽阔，也就有了阔鼻之名。除了狨科，阔鼻猴还包括卷尾猴科（Cebidae）、夜猴科（Aotidae）、蜘蛛猴科（Atelidae）和僧面猴科（Pitheciidae）。其中狨科最小，卷尾猴科次之。体形"小"可以说是狨猴的最大特点。狨猴全部是树栖物种，很少下到地面取食，它们喜欢在树丛中取食昆虫、水果、树液或树胶，偶尔也会捕食小型脊椎动物，还有一些种类的狨猴十分喜爱吸食树枝分泌的汁液。

Marmoset / Tamarin

界：动物界 Animalia	属：狨属 *Callithrix*
门：脊索动物门 Chordata	长尾狨属 *Mico*
纲：哺乳纲 Mammalia	倭狨属 *Cebuella*
目：灵长目 Primates	卢氏狨属 *Callibella*
科：狨科 Callitrichinae	狮面狨属 *Leontopithecus*
	柽柳猴属 *Saguinus*
	节尾猴属 *Callimico*

最小的狨猴究竟有多小？ 小小的体形是狨猴的最大特点。其中最极端的例子是分布于巴西西部、哥伦比亚西南、厄瓜多尔西部和秘鲁东部的热带雨林冠层区域的倭狨（*Cebuella pygmaea*），其成年个体，除掉17—23厘米的尾巴后，体长只有12—16厘米，体重只有100克左右。所以，这种狨猴被认为是世界上体形最小的灵长类动物之一。其他种类的狨猴成年体重也就400—500克，不算尾巴的话，体长常常只有14—20厘米。

狨猴为什么会这么小？ 狨猴小小的体形是如何形成的呢？科学家们认为，和其他新大陆猴类一样，狨猴的祖先也是从非洲大陆随着倒木顺着海浪，历经千辛万苦，漂洋过海到南美洲的。广袤的亚马孙热带雨林为这些初来乍到的新大陆猴类祖先提供了广阔的生存空间，但水网密布的环境，使得不同森林往往被水网隔开。对于体形可能本来就不大的狨猴类祖先来说，这些相互隔离的森林成了它们生活的"岛屿"。所以，在资源逐渐变得有限的情况下，小体形的个体反而具有更强的生存概率。于是，狨科的成员们纷纷选择了小型化的进化道路，以至于如今现存的狨猴体形都不大。而正是因为相互隔离，使得它们的种类异常丰富。

狨猴身上还有哪些独特之处？ 除了体形小之外，与其他灵长类动物相比，狨猴还有不少特别之处。其中很有趣的一点在于它们的手指和脚趾。大多数灵长类动物的手指和人类的近似，尖端长的是指甲，从而便于发挥手指的灵敏触感和抓握功能。但是，狨猴的前后肢上，除了大拇指和大脚趾长的是指（趾）甲外，其余的指（趾）头上长的都是爪子。有科学家认为，这样的爪子反而有助于像狨猴这么小体形的动物攀爬更细弱的树枝。事实上，在树丛中运动时，狨猴看起来更像松鼠，而不像猴子。

狨猴拥有怎样的家族生活？ 包括人类在内，大多数灵长类动物都是群居的，狨猴也不例外。通常情况下，它们的群体中会有五六只个体共同生活在一起。在人类的社群结构中，采用的是一夫一妻制，但有很多灵长类动物采用的是"一夫多妻制"，由所谓的猴王统治着自己的族群。而狨猴的社会组织在灵长类动物中独一无二，它们采用的是"合作的一妻多夫群体"，也就是说在群体中虽然有多个雄性和雌性，但在一个特定的时间段，只有一只雌性具有生殖活性。这只雌性个体会与一只以上的雄性交配，每一只雄性都承担着生育后代的责任。而且，与其他许多灵长类动物的雄性个体不同，雄性狨猴通常会与雌性狨猴一起共同担负起照顾幼崽的责任。另外，狨猴是灵长类动物中唯一一类经常一胎生两个幼崽的动物。有研究指出，它们后代的双胞胎比率甚至能达到80%以上。

狨猴家族都有哪些成员？ 虽然狨猴总体上都是小小的，但毕竟它们的种类十分丰富，有47种之多，在毛色上，有的狨猴毛色以黑白为主，有的则是鲜艳的金黄色。在传统分类学中，科学家们把它们划分到4个不同的属中，分别是狨属（*Callithrix*）、柽柳猴属（*Saguinus*）、狮面狨属（*Leontopithecus*）和节尾猴属（*Callimico*）。在最新的一些分类系统中，科学家们将原来的狨属物种拆分为了狨属、长尾狨属（*Mico*）、倭狨属（*Cebuella*）和卢氏狨属（*Callibella*）。其中，传统的狨属是最典型的狨类，它们在英文中被叫作Marmoset，种类繁多。狨属中最典型的是普通狨（*Callithrix jacchus*），它们的毛色呈灰色，耳边有一簇白色毛发，而且前额上也有白色的印记，尾巴则为灰白色。不过它们的脸上倒是没有毛，成年狨的体长在14—20厘米之间，体重约为400—500克。因为种群数量较大，人工饲养相对容易，繁殖率高，它们还被开发成了进行科学研究时的模式动物，广泛用于医学和生物学研究。除此之外，另一个属柽柳猴属的种类也很多，在英文中，它们被称为Tamarin。在中文世界中，动物学家们曾用獠来称呼它们，以区别于狨属的物种。不过现在更多的人还是喜欢叫它们柽柳猴。其中最具代表性的是绒顶柽柳猴（*Saguinus oedipus*），有时也译作棉冠狨。它们因为头顶的绒毛较多而得名，而且在它们遇到危险时这些绒毛会竖起，从而达到恐吓对手的目的。别看绒顶柽柳猴长得这么可爱，和许多狨猴一样，它们在野外的种群也不多，被列入世界自然物种保护联盟物种红色名录极危物种，亟待保护。狮面狨属的英文名称是Lion Tamarin。顾名思义，这类狨猴由于脑袋上留着金毛狮王的发型，配上小小的身材，看起来既可爱又威武，因此带上了狮子的名号。狮面狨属一共有4种，其中典型的代表金狮面狨（*Leontopithecus rosalia*）浑身金黄色，也被称为金狨，另一种叫金头狮面狨（*Leontopithecus chrysomelas*）的则是身上黑色，头部黄色，也被叫作

金头狮狨，当然不可或缺的是狮子一般的鬃毛发型。它们也是世界自然物种保护联盟濒危物种红色名录所认定的濒危物种。节尾猴属比较特别，只有节尾猴（*Callimico goeldii*）一种动物。这是一种生活于南美洲亚马孙河上游地区的小型狨猴，体长约22厘米，尾长25—30厘米，体色为黑色或黑褐色。它们的脑袋看起来圆圆胖胖的，发型可比狨猴家族的其他成员低调多了。在世界自然物种保护联盟濒危物种红色名录中，它们被认定为易危物种。

狨猴们与人类保持着怎样的关系？ 当狨猴的祖先在几千万年前来到南美洲后，它们没有想到，另外一种灵长类的远亲来到这里后，整个南美洲的自然历史将会发生巨大的改变。这个灵长类远亲就是我们人类。最先到达这里的是从亚欧大陆的东亚一路走来的人类。伴随着他们刀耕火种地开辟田地，热带森林开始改变。而欧洲人来到南美洲后，对这里的开发力度更是百倍于以往。森林再生的速度远远不及被砍伐的速度，原本就分布范围狭窄的各种狨猴面临更严重的栖息地"岛屿化"危机，许多狨猴的家园不复存在，它们的种群数量也一跌再跌，很多物种纷纷成为亟待保护的濒危物种。更过分的是，由于狨猴们娇小可爱、活泼好动，再配上炯炯有神的眼睛、让人忍俊不禁的动作，许多人视它们为可饲养的宠物，于是针对各种狨猴的盗猎和走私活动猖獗。一两百年前的欧洲上流社会纷纷以狨猴作为身份地位的象征。当时有作家曾写道，"这些小猴子实在是要比打扮得最时髦的女人还要高贵得多"，对这一现象进行了尖刻的讽刺。近几十年来，虽然南美洲各国政府都开始重视野生动物保护，但这样的现象仍然屡禁不止。我们的这些小小的灵长类远亲命运依旧叵测。

判断对错

1. 狨猴是南美洲土生土长的灵长类动物。
2. 狨猴的每个指（趾）头上长的都是爪子。
3. 和大多数灵长类动物一样，狨猴也采用一雄多雌制。
4. 许多种类的狨猴野外种群数量岌岌可危。
5. 栖息地丧失和盗猎是狨猴所面临的主要危机。

答案：1. × 2. × 3. × 4. √ 5. √

网络明星——美洲驼

明星名片

美洲驼分属小羊驼属（*Vicugna*）和大羊驼属（*Lama*）。说起美洲驼这个称呼，人们往往并不熟悉，但说起羊驼（*Vicugna pacos*），许多人耳熟能详。在网络世界中，羊驼的各种形象深入人心；在现实生活中，它们那蠢萌蠢萌的形象也是人们津津乐道的欢乐之源。那么，羊驼和美洲驼之间是什么关系呢？其实，羊驼是美洲驼的一种。它们被南美洲的原住民驯化后得到广泛家养，飘逸的"刘海发型"是它们最显著的特征。而且它们的毛色也多种多样，有些全身呈现白色，有些则是黄褐色。不过有时候人们会对几种和羊驼长相相似的近亲犯"脸盲症"，再加上这几种动物的中文译名十分相近，很容易混淆，于是大家常常把它们都叫作"神兽君"。其实，包括羊驼在内，这类动物被统称为美洲驼，一共有4种，其他3种分别是原驼（*Lama guanicoe*）、大羊驼（*Lama glama*）和小羊驼（*Vicugna vicugna*）。其中大羊驼也常常出现在动物园等人工饲养场所，毛色多样。与毛茸茸的羊驼相比，大羊驼更高大一些，而且脸明显更长，头上也没有什么发型可言。原驼和真正的小羊驼则是完全野生的动物。它们生活在南美洲安第斯山的高海拔地区。

Laminoids
（Llama / Guanaco /Alpaca/ Vicuña）

界: 动物界 Animalia
门: 脊索动物门 Chordata
纲: 哺乳纲 Mammalia
目: 鲸偶蹄目 Cetartiodactyla
科: 骆驼科 Camelidae
属: 小羊驼属 *Vicugna*
　　大羊驼属 *Lama*

美洲驼到底有几种？ 在生物分类学中，美洲驼一共有4种。具体而言，原驼和大羊驼属于大羊驼属（*Lama*），而小羊驼和羊驼则属于小羊驼属（*Vicugna*）。在中文里，这几个名字很拗口，而且在分类上，大羊驼在大羊驼属，而羊驼却在小羊驼属，很怪异。这是因为羊驼和大羊驼被常年养殖，而且习性类似，导致分类最早的时候出现问题——那个时候认为原驼、大羊驼、羊驼是一家，而小羊驼单独是一家。后来人们才把它们重新进行了分类，将羊驼放到了小羊驼属。这4个表亲不仅长得像，更要命的是它们之间可以互相杂交并且产生能繁育的后代，用所谓"生殖隔离"那一套理论，这4种根本就是一个物种。很多人也是这么认为的，所以干脆将它们统称为美洲驼。最近的分子生物学研究才把它们的身世调查清楚，根据最新的DNA研究，640万年前小羊驼和羊驼那一支先分离出来，现在小羊驼和羊驼共同属于小羊驼属。另外的一支一直到140万年前才发生分裂，原驼和大羊驼成为两个物种，这两者被划归到大羊驼属。

4种美洲驼分别有什么特征？ 羊驼的学名是*Vicugna pacos*，英文名是Alpaca。羊驼的肩高为81—99厘米，体重为48—84千克。有科学家认为羊驼可能是小羊驼的驯化种，杂色，可以取毛。它们圆滚滚、毛茸茸的样子很是可爱。小羊驼的学名是*Vicugna vicugna*，英文名是Vicuña，有时候也被翻译为"骆马"。小羊驼的肩高为75—85厘米，体重为35—65千克，是所有美洲驼中最小的。小羊驼是野生种，体形小，从侧面看上去腹部是棕色而非白色的，在南美洲有些地区会被人为捕捉起来取绒后再放掉，它们的绒非常珍贵。大羊驼的学名是*Lama glama*，英文名是Llama，有的译作"驼羊"。大羊驼的肩高在120厘米左右，体重为127—204千克。有科学家认为它们可能是原驼的驯化种，杂色，体形大，可以供驮负东西之用。原驼的学名是*Lama guanicoe*，英文名是Guanaco。原驼的肩高为110—120厘米，体重约90千克，身体颜色变化很小，基本上就是驼色加白色的组合。原驼仍然是野生种，特征是腹部向斜上方延伸的白色。

美洲驼和骆驼有什么关系？ 4种美洲驼其实和骆驼同属于骆驼科，世界上总共现存6种骆驼科的动物，除了美洲驼，还有两种骆驼，这就是骆驼属（Camelus）的双峰驼（Camelus bactrianus）和单峰驼（Camelus dromedarius）。骆驼科的祖先生活在北美洲。大约1 200万年前，分家开始了。其中一支向北跨过白令陆桥来到亚欧大陆，并进入北非。这就是我们熟悉的骆驼，现存双峰驼和单峰驼两个物种。另一支则"下南洋"，从北美洲来到安第斯山区，这一支被称为"美洲驼族"，4种美洲驼就属于这一支。

羊驼吃什么？ 山羊吃草的时候是连根拔，不利于草的生长，而羊驼吃草的时候特别讲究，专挑嫩的草尖吃，如果在一块地吃不饱的话，它们宁可跑远一点也不会尽着一块草皮可着劲儿啃，这个特点对草场是个好消息。羊驼的脚和骆驼挺像，是肉趾的，这可比羊蹄子马蹄子对草场友好得多。羊驼本身吃得文明，加上食量不大，不需要太大的草地就能养活它们。羊驼也可以吃饲料、干草，就是得经常补点维生素矿物质。羊驼不怎么挑食，但也别随便把它们牵到一片草地上就不管了，有些草牛羊之类吃了可能没事，但羊驼吃了就有中毒甚至死亡的危险。像其他骆驼一样，羊驼脾气好极了，如果是熟人，它会很配合地跟你亲近；如果是生客，劝你还是慢慢地接近它们——这种可爱的动物有一手独门绝技——"啐"。如果你运气好，它只啐你一口唾沫，你运气不好，命中你脸的将会是一团热气腾腾的绿色"化学武器"。那是没有完全消化的草加上它们的胃液，那气味绝对会让你终生难忘的。

美洲驼和人类的关系怎样？ 有资料称在欧洲人来到这片大陆之前，羊驼和大羊驼是南美洲仅有的两种家畜。羊驼和大羊驼看起来跟大绵羊很相似，遍身长毛。它们在原住民的生活中扮演着极其重要的角色，它们的毛被用来编织绳子、寝具、毛衣、手套、帽子、袜子以及著名的大披风，而它们的肉则是人们食物中主要的动物蛋白来源。羊驼和大羊驼的可爱，很大程度上是因为它们那一身长毛，这身毛可比羊毛给力得多，又软又细还很轻。也难怪，在南美洲，羊驼和大羊驼通常在海拔3 000—4 000米的地方生活，在这个海拔，气温比较低，的确需要这么一身好大衣。除了提供毛制品外，它们还在印加帝国发挥过重要的运输作用。

野生美洲驼有天敌吗？ 在南美洲，大型捕食动物的种类并不多，在安第斯山沿线生活的就更少了。例如，南美洲最著名的捕食者——美洲豹，它们并不出现在高海拔的山区地带，亚马孙雨林才是它们的最爱。在高海拔的安第斯山区，生活着几种南美洲特有的狐狸，但是以它们的体形也不足以捕食美洲驼。至于生活在这里的南美洲唯一一种熊类动物——眼镜熊，大多数时候都以素食为主，也很少有机会对美洲驼造成威胁。那么，野生的两种美洲驼是不是就没有天敌了呢？当然不是。这里还生活着另一种猫科动物——美洲狮。同样浅灰色的体色使得它们在安第斯山区植被稀少的裸岩地带也能很好地隐蔽自己，原驼和小羊驼正是它们的主要捕食对象。

判 断 对 错

1. 羊驼与骆驼是亲戚。
2. 人类驯化了三种美洲驼。
3. 羊驼生活在平原地带。
4. 在美洲驼中，小羊驼体形最小。
5. 羊驼的祖先就生活在南美洲。

答案：1.√ 2.× 3.× 4.√ 5.×

"足球"的化身——巴西三带犰狳

明星名片

　　巴西三带犰狳学名*Tolypeutes tricinctus*，又称"铠鼠"。它们大多有着骨质盔甲，在受到威胁时，会全身蜷缩成球形，将身体包裹在"铁甲"中，让想咬它的敌害也无从下口。犰狳中最有代表性的是犰狳科的九带犰狳和倭犰狳科的巴西三带犰狳，其中后者是真正能够将自己的身体蜷曲成完整球体的犰狳。巴西三带犰狳是巴西东部特有的一种犰狳，通常它们体长22—27厘米，尾巴长6—8厘米，体重约1.5千克。它们的背上有3片特殊的鳞甲，能在蜷曲时将头及尾部完整地收藏在硬壳内。巴西三带犰狳以蚂蚁及白蚁为主食，也吃软体动物、腐肉、水果等。巴西三带犰狳是巴西2014年世界杯足球赛的官方吉祥物。在世界自然保护联盟濒危物种红色名录中被列为易危物种。

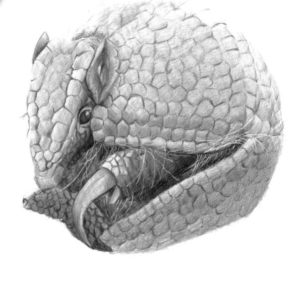

Brazilian Three-banded Armadillo

界：动物界 Animalia
门：脊索动物门 Chordata
纲：哺乳纲 Mammalia
目：有甲目 Cingulata
科：倭犰狳科 Chlamyphoridae
属：三带犰狳属 *Tolypeutes*

　　巴西三带犰狳为什么被称为具备最完善的自然防御能力的动物之一？ 大多数犰狳在遇到危险时，有着逃跑、堵洞、伪装等防御手段。大多数的犰狳腿虽短，但是挖洞速度极快，当它们感受到危险时，会快速地挖掘沙土洞并把自己的身体隐藏在其中。藏入沙土洞之后的犰狳，会用自己的尾部盾甲紧紧地堵住洞口，使敌害无法突破这层"盾甲防御"。与其他犰狳不同，巴西三带犰狳则可以在瞬间把自己的身体蜷曲成球状来保护自己，因此它们多不会遁地及寻找掩护，而是蜷成球状并停留在草丛中。巴西三带犰狳身体蜷曲成球时，它们的头和尾巴完美地嵌合到一起，覆盖在头部、身体和尾巴等部的骨质甲完整覆盖在这个球体的表面，最终造就一个完美的"足球"。巴西三带犰狳的这个"球"非但使敌害无处下口，它还会"咬人"。当敌害"摸"到它们背部甲板之间的缝隙时，它们会突然地闭合，像骨甲钳子一样夹紧敌害。所以说，巴西三带犰狳是具备最完善的自然防御能力的动物之一。

　　巴西三带犰狳生活在哪儿？ 顾名思义，巴西三带犰狳是巴西特有的一种犰狳，它们主要生活在巴西东南部的稀树草原和干燥林地，这是位于赤道以南相对比较干旱的地区。巴西的稀树草原和干燥林地中因降雨量少而土壤贫瘠，并限制了植被的高度，其中树不多，相对来说草茂盛，生态环境比较脆弱，动物生存艰难。在这样的环境中，动物多为食草动物，尤其是可以利用干草生存的蚂蚁、白蚁以及以它们为食的食蚁兽等动物。巴西三带犰狳就是生活在这种较干旱环境中的一种哺乳动物。

巴西三带犰狳吃什么？ 巴西三带犰狳其实也是一种"食蚁兽"，它们和真正的食蚁兽有些差异，在分类中逐渐被从食蚁兽所在的贫齿目划出，归类到有甲目。在巴西比较干旱的稀树草原和干燥林地中，巴西三带犰狳主要以蚂蚁和白蚁为食。它们的嗅觉特别灵敏，可以探测到地面以下20厘米的猎物气息，这就使得它们比较容易感知到白蚁或者蚂蚁的巢穴。巴西三带犰狳还具有非常锋利的前爪，善于挖掘，它们和穿山甲类似，打洞本领一流，这就帮助它们可以快速地挖掘出蚁巢中的食物。觅食时，巴西三带犰狳会以鼻子紧贴地面缓慢行走，一旦发现猎物即疯狂挖掘翻起泥土，捕食猎物。当然，除去蚂蚁和白蚁之外，其他的一些小动物，比如小蜜蜂、土壤中的蠕虫、软体动物等，甚至腐肉、水果等，也是巴西三带犰狳的食物。

巴西三带犰狳会成群出没吗？ 大部分的犰狳都是独居生物，巴西三带犰狳也不例外，但是在哺乳期，幼崽会和母兽一起外出，偶尔会有多达3个家庭成员共同活动的情况。通常情况下，巴西三带犰狳都是单独生活的，它们大多在晚上行动，有时也在白天觅食。它们会通过面部、足部及臀部的腺体分泌物来标示属于它们自己的地盘。

巴西三带犰狳如何繁殖？ 和九带犰狳每胎4仔不同，巴西三带犰狳每胎只产1仔。每年的10月到来年的1月是巴西三带犰狳的交配季节。交配后的雌性巴西三带犰狳孕期为120天，之后诞下唯一一个新生儿。新生儿的眼未睁开，铠甲是软的，但是爪已发育完全，能够在约1小时后步行并蜷曲成球。幼崽开始时以母乳为食，约10周后断奶。在出生到断奶的很长一段时间内，幼崽会趴在母兽的背上一起外出，靠自己的特殊体毛体色隐藏于母兽身体的后部。幼崽断奶9—12个月后达到性成熟，继续下一代的繁衍。

巴西三带犰狳种族繁盛吗？ 具有出色自然防御能力的巴西三带犰狳，能够抵挡大部分的捕食者，在南美大陆上，也只有成年的美洲狮才有足够力量对它们造成威胁。在不用觅食的时间，巴西三带犰狳会以轻盈的步履到处走动，即使遇到危险，它们只要在瞬间团成球就可以达到几乎万无一失的程度。但是，即使这样，巴西三带犰狳的种族并不繁盛，它们一度还被认为是已经灭绝的物种，直到20世纪90年代才再次被发现于巴西极少数的地区之中。对巴西三带犰狳真正的威胁主要还是人类的活动，过去10—12年内巴西三带犰狳赖以生存的栖息地受到严重破坏，最多时减少了30%以供人类的畜牧业使用。它们也被列入世界自然保护联盟濒危物种红色名录的易危物种。

判断对错

1. 巴西三带犰狳可以蜷曲成完整的球。
2. 巴西三带犰狳生活的环境中常年雨量充沛。
3. 巴西三带犰狳都是成群生活的。
4. 巴西三带犰狳一胎只产1仔。
5. 巴西三带犰狳种族非常繁盛。

答案：1.√ 2.× 3.× 4.√ 5.×

冒牌 "野猪" ——草原西猯

明星名片

  草原西猯学名*Catagonus wagneri*，是一类属于鲸偶蹄目猪形亚目的中小型动物，主要生存于南美洲的森林与草原。现存的西猯一共有3种，其中草原西猯数量最多。草原西猯有时也被称为查科西猯，它们体长约75—110厘米，体重30—40千克。它们没有两性异形。西猯属于中小型鲸偶蹄目动物，外形和习性与猪非常相似，曾经被分在猪科。但它们体形比猪科动物小，后肢只有3个趾。虽为杂食性动物，但比猪科动物更适应植物性食物，胃的构造比猪科动物复杂，獠牙向下，而非野猪般向上弯曲，是强有力的攻击性武器。除了獠牙外，西猯还有臭腺可用于驱敌。草原西猯作为西猯科这类南美小 "野猪" 中体形最大的一种，最初发现时只有一些化石，曾经被认为已经灭绝。直到1975年，科学家才在南美的干旱丛林中发现它们存活的种群。它们现存大约3 000只，被列入世界自然保护联盟濒危物种红色名录的濒危物种。

Chacoan Peccary

界：动物界 Animalia
门：脊索动物门 Chordata
纲：哺乳纲 Mammalia
目：鲸偶蹄目 Cetartiodactyla
科：西猯科 Tayassuidae
属：草原西猯属 *Catagonus*

西猯为什么被称为冒牌"野猪"? 猯,古同"豘",在中国古代,"豘"主要指狗獾,有时也会被用来形容小猪。在20世纪初,中国的动物研究者将美洲的一类长得和野猪有些相像的动物称为西猯。它们长着一副小"野猪"模样,躯干桶状,腿细,头部大,鼻子为软骨支撑的口鼻盘,吻部粗糙、较大,耳朵较大,这些外部特征看上去都和野猪非常相似。在生活习性上,西猯也与旧大陆的猪科动物相似,它们都是杂食性的。但是,西猯的前肢4个脚趾,后肢3个脚趾,而猪无论前肢还是后肢都长着4个脚趾;并且西猯更加适应植物性食物,很适合消化像仙人掌这样难消化的粗糙的食物;除此之外,西猯还具有臭腺。这是它们不同于猪科动物的最主要的几个方面。科学家最终把它们从猪科中划出,归于西猯科。猪和西猯是同属于鲸偶蹄目猪形亚目的动物,所以西猯也可以被称为美洲小"野猪",不过西猯远没有旧大陆猪类那么繁盛。

草原西猯生活在哪儿? 现在草原西猯的生活范围并不大,它们散布在南美洲巴拉圭、玻利维亚及阿根廷等地,栖息在炎热及干旱的丛林,尤其是大查科平原,因此它们也被叫作查科西猯。大查科平原,又译为大厦谷,面积约80万平方千米,主要是多肉植物及针刺植物,只有极少数的地方有大型树木,是南美洲夏季最热的地区之一。生活在这样的环境中的草原西猯,有很多适应性的身体结构和特征,例如:它们的吻部延伸在鼻孔处呈盘状,有拱地掘食的习性,它们的鼻窦适合在干旱及多尘的环境生活,它们的脚细小,可以在多刺植物间行走。

杂食的草原西猯会吃些什么? 草原西猯所生活的大查科平原西部,是由多刺的灌木和矮树组成的干旱丛林,其中生长的植物多是多肉植物及针刺植物。在这样的环境中,大多数的草原西猯主要的植物也就是这些粗糙、低矮的植物,如仙人掌等。众所周知,植物们虽然看上去总是一副"无公害"的样子,但它们并非全无御敌能力,像仙人掌等更是能够凭借着浑身的小刺劝退许多取食它们的生物。在漫长的生存适应中,草原西猯也学会了巧妙的食用仙人掌的方法。它们会用吻将仙人掌放在地上打滚,将其刺磨掉。它们也会用牙齿咬下并吐出仙人掌的刺,将仙人掌搞得光滑顺溜之后才放到嘴中。现在发现，草原西猯的肾脏可以分解仙人掌中的部分酸，它们的胃部亦适合消化粗糙的食物。当然，草原西猯也可以通过灵敏的嗅觉寻找其他一切可以食用的食物，叶片、嫩芽、根茎等都是它们爱吃的，有时候也会进食一些昆虫、小型脊椎动物、鸟蛋甚至是腐肉。

草原西猯会成群出没吗？ 西猯喜欢集群行动，草原西猯会以约10—20只的小群聚居。它们在日间集体行动，尤其会在早上一起出去边走边吃、喧哗活动。群族会以环形路线迁移活动，在约40多天后回到原来的地方，以此监视地盘。通常，它们背部的腺体会分泌一种奶状且有味的物质，它们通过将其摩擦到树上作标记。它们经常在泥中打滚，但会在特定的地点排泄。草原西猯还会发出咕噜声等不同的叫声来与同伴沟通，甚至包括牙齿的嗒嗒声。

草原西猯怎么保护自己不被捕食者吃掉？ 草原西猯体小、肉多，很容易成为美洲豹等捕食者的狩猎对象。西猯的视力普遍不好，只有约50米的视力范围，但是它们的嗅觉非常灵敏，可以早早地感知捕食者的动向。草原西猯的体形虽小，但是它们的性情凶暴无比，比野猪有过之而无不及，非常善于合群御敌，它们的群族会组成一堵墙来保护自己。加之它们长有5厘米左右的锐利獠牙，数十只在一起甚至可以集群攻击美洲豹。即使是落单的成年西猯也会勇敢地保护自己，常常搞得敌害狼狈不堪、知难而退。

草原西猯是如何繁殖的？ 根据食物的储存量及雨量的不同，草原西猯的繁殖期会有所不同，但一般9—12月是它们的繁殖高峰期。草原西猯平均每胎产2只或3只幼仔。雌西猯会离开族群产子，之后再回来。幼仔出生后几个小时就能奔走。幼仔的毛皮与成年的差不多。

西猯数量很多吗？ 几种西猯都属于濒危动物。西猯皮是有名的皮张，叫派卡里（Pekali），又被称为南美野猪皮，具有较明显的猪皮毛孔及粒面特征，由于其特殊的胶原纤维组织结构，可加工成非常柔软的服装革或手套革，加之数量稀少，价格很高。一个世纪之前，西猯广布于南北美洲的广大地区，数量相当多。后由于皮质优良，肉质鲜美，西猯被大量猎杀，几乎灭绝。之后经过保护，数量逐渐恢复。但近年来亚马孙河流域森林和草原的开发，尤其是森林采伐，对西猯构成了威胁，西猯遭大量猎杀，数量迅速下降。

人类如何与西猯并存？ 为了寻求狩猎问题的保护性解决方案，保护亚马孙河流域生物的多样性，已有多个环保组织与当地机构合作，一起对西猯的皮进行认证，而当地人猎杀这种亚马孙奇兽是为了它的肉。他们认为西猯肉的价值要比皮高得多，因此"禁止皮毛交易并不能拯救西猯"。那些能够对野生生物狩猎进行可持续管理的村落，将获得认证。西猯皮本来是肉食狩猎的副产品，得到认证后，就可以合法地出口到欧洲国家，在那里被制成精致的皮革制品。在西猯毛皮认证项目下，得到认证的村子将从西猯皮增加的价值中直接受益，同时还能从对其保护活动的认可中间接受益。附加值会激励各村把原本不可持续的狩猎行为变得具有可持续性。这样，皮革认证项目可以给农村家庭带来经济效益，提高他们的生活水平，同时还有助于保护野生动物和亚马孙河流域的森林。附加值不会增加狩猎的压力，而会保证狩猎的可持续性，这是因为任何不可持续狩猎行为的增加都可能使一个村子失去认证资格。这种方法收到了良好的效果，对我国的环境保护也有一定的借鉴作用。近年来，我国部分地区野猪数量增长过快，对当地农业生产构成一定的危害，只有让当地村民在自然保护中受益，才是可持续发展之路。

判断对错

1. 草原西猯是野猪。
2. 草原西猯具有臭腺。
3. 西猯数量巨大且分布广泛。
4. 西猯性格温顺且行动缓慢。
5. 草原西猯会集群活动。

仰泳猎手——亚马孙河豚

明星名片

    亚马孙河豚学名*Inia geoffrensis*，通称亚河豚，也称粉红河豚，是亚马孙河及奥里诺科河水系特有的物种，是现存体形最大的淡水豚，雌性体长约230厘米，雄性体长约270厘米，体重可达85—160千克。它们非常适合在枝蔓缠绕的雨林流域中游行，可以利用回声定位器官精确地捕捉到隐藏在河泥里的猎物。它们具有非常独特的形体，体长而丰满，颅骨前额陡峭，颚骨纵向隆起。颈椎不连成一体，能90°旋转，使它们能够在大多数方向灵活转动头颈。它们的喙部较大并且突出，鳍状前肢宽大，背鳍退化。皮肤颜色有暗褐色、灰色、蓝灰色、乳白色甚至粉红色。

Boto

界：动物界 Animalia
门：脊索动物门 Chordata
纲：哺乳纲 Mammalia
目：鲸偶蹄目 Cetartiodactyla
科：亚马孙河豚科 Iniidae
属：亚马孙河豚属 *Inia*

亚马孙河豚的牙齿有什么特点？亚马孙河豚的喙部与驱干相比显得非常突出，上下颚各有25—35枚牙齿，前部的牙齿呈立锥状，后部的牙齿较平并有细小的尖锐突起，两种牙齿分担不同的工作，前者用于攫取猎物，后者用于咀嚼。

亚马孙河豚的鳍肢和皮肤有什么特点？亚马孙河豚的鳍肢形状像划船的桨，前肢宽大略向后弯曲。背鳍已经退化，但背部钝三角形的脊状隆起揭示了退化遗留的痕迹。它们的皮肤颜色有暗褐色、灰色、蓝灰色、乳白色，还有粉红色，多样而漂亮。

为什么有的亚马孙河豚是粉红色的？对于粉红亚马孙河豚皮肤颜色的形成原因至今还未有定论。科学家们更倾向于认为这是由于它们皮下分布着大量毛细血管，毛细血管充血会使得皮肤呈现粉红色，这种现象在诸如中年白海豚等其他豚类身上也会出现。有趣的是，粉红亚马孙河豚如果兴奋起来，身体也会随之变得更加明亮。

亚马孙河豚会有什么有趣行为？亚马孙河豚是好奇心很强的动物朋友，它们会主动靠近人类的船只，触碰船桨，互动玩耍。人们常会看见它们在洪水漫延的树丛间肚皮朝天游泳，那是因为它们肥胖的脸颊挡住了向下的视线，采用仰泳的姿势就能很好地看清河底的东西。

雌性亚马孙河豚的生育会经历什么？在繁殖季节，求偶竞争是非常残酷的，雄性之间的战斗会引发严重的撕咬。它们在雌性面前展示自我的方式为用下颌顶住岩石跳出水面，这也许是在证明自己的强壮和灵巧。亚马孙河豚的雌性会在6—10岁之间进入性成熟期。它们的妊娠期在11个月左右，每次产1胎，生育期长达30年。

亚马孙河豚如何捕食？ 亚马孙河豚通常是单个或成对生活，但有时也会为了捕猎组成多达15只的群体。它们能在雨林河流的阴暗水域使用回声定位将猎物锁定，和海豚不同，它们的颈椎不连在一起，能90°旋转，非常适合在雨林河流中滑行。它们前部的牙齿用于攫取猎物，后部的牙齿用于咀嚼。亚马孙河良好的生态环境能够给它们提供各种美味的鱼类、虾蟹和贝类。

亚马孙河豚游泳水平如何？ 亚马孙河豚的游泳速度相当慢，慢泳时速度一般为每小时2千米，它们灵活的身体允许其在浅水区域游泳。它们能进行小幅度跳跃，会接近船只游动。亚马孙河豚清晨与黄昏最为活跃，可见其相互追逐、轻咬并挥舞胸鳍。通常只浮现额隆与喷气孔，之后再浮现部分背脊。

亚马孙河豚经常搬家吗？ 每年春天，亚马孙河豚离开所属河道的范围，到巴西西部保留区——亚马孙河的两条支流去游动。因为每年有一半的时间雨水会淹没这里数千甚至上万平方千米的森林，使此区域变成树木罩顶的汪洋，非常适合河豚生存。它们通常在河底捕食虾、蟹、小鱼，偶尔也能捕捉到体形较小的龟类。

亚马孙河豚面临哪些生存考验？ 在整体上处于危险境地的淡水豚类中，亚马孙河豚的状况相对而言是最安全的。但是人类的过度捕捞和猎杀行为、船只的漏油和噪声污染、农药的大量使用、亚马孙河和奥里诺科河盆地不断扩大的农业产业规模、黄金开采产生的化学物质"汞"未能按照标准进行处理造成的水质污染等，都对其生存造成影响。2000年，亚马孙河豚被列入《濒危野生动植物种国际贸易公约》附录二中的物种。

亚马孙河豚的主要天敌有哪些？ 成年的亚马孙河豚少有天敌，幼年的亚马孙河豚的主要天敌为电鳗和凯门鳄。而聪明的成年亚马孙河豚会不断地撩拨电鳗放电并与之保持安全距离，如此持续1个小时左右电鳗就会因为疲劳而丧失放电能力，沦为亚马孙河豚的食物。不过这种费时费力的玩法对于亚马孙河豚来说以娱乐成分居多。

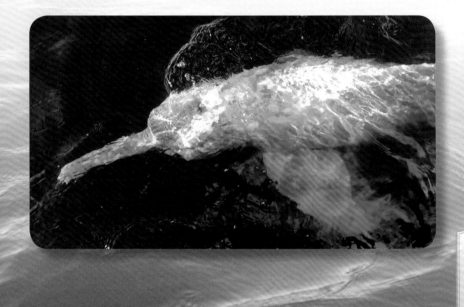

判断对错

1. 成年亚马孙河豚的体重比人类成年男性要轻得多。
2. 亚马孙河豚的头颈只能在固定方向转动。
3. 亚马孙河豚的前部和后部牙齿不仅形状不同，作用也不同。
4. 亚马孙河豚的肤色只有一种——粉红色。
5. 亚马孙河豚时常会仰泳是因为它们在玩耍。

答案：1. × 2. × 3. √ 4. × 5. ×

温顺小熊——眼镜熊

明星名片

眼镜熊学名*Tremarctos ornatus*，由于其独一无二的超短口鼻部，有时也被称为安第斯短面熊，是南美洲唯一的熊类。眼镜熊体长120—200厘米，肩高70—90厘米，尾长7厘米，雄性体重100—175千克，雌性体重64—82千克，在熊科家族中不算庞然大物，是中等大小的熊。还有一点颇为独特的是，眼镜熊只有13对肋骨，而不像其他熊科动物那样有14对。在分类学上，眼镜熊是与大熊猫亲缘关系最近的现存熊科动物。眼镜熊的毛发中等长度，全身的毛色通常为均匀的黑色，也有红棕或深棕色的个体，皮毛十分厚密粗糙。它们生活在安第斯山区域，厄瓜多尔、哥伦比亚、委内瑞拉、秘鲁、玻利维亚乃至阿根廷西北部和巴拿马都能发现它们的身影。但由于居住环境问题以及人类的捕杀，眼镜熊现已濒临灭绝。

Andean Bear

界：动物界 Animalia
门：脊索动物门 Chordata
纲：哺乳纲 Mammalia
目：食肉目 Carnivora
科：熊科 Ursidae
属：眼镜熊属 *Tremarctos*

眼镜熊的名字是怎么来的？ 眼镜熊的相貌很独特，口鼻部分和多数熊科动物一样，颜色较浅，但最有特点的是它们的眼睛周围有一圈或粗或细的奶白色纹，将眼睛上的黑色皮毛隔开，在眼睛周围形成环，远看好似戴着一副墨镜，眼镜熊的名字也因此而来。

眼镜熊平时吃什么？ 眼镜熊是十分喜爱果类食物的杂食性动物，尤其喜爱凤梨科植物。它们的上下颚十分强健有力，它们的牙齿很适应研磨，能食用纤维状、硬质的植物性食物，所以坚韧的凤梨科植物在它们的食谱中占了相当大的比重，接近50%。为了摘食果实，它们会爬到树上或高大的仙人掌上，攀爬高度超过10米，还能灵活地从一棵树直接爬到另一棵树上。在果实即将成熟的季节，为了心爱的美味，它们甚至干脆在树上守候个三四天。鲜嫩的果实当然不是每个季节都有，其他时段，它们也会寻找各种其他食物，例如各种浆果、仙人掌、蜂蜜、竹子、甘蔗以及其他植物的根茎。另外，为了丰富食谱，它们也会捕食那些小型啮齿类动物、鸟类和昆虫。这些动植物为眼镜熊提供了生存所必需的碳水化合物、蛋白质和脂肪。偶尔眼镜熊也会偷食农民的农作物，尤其是玉米，这常常导致眼镜熊被枪杀。

眼镜熊在什么地方生活？ 对我们人类而言，眼镜熊是颇为神秘的动物。它们通常在晨昏或夜间活动，白天则躲在树洞里、岩洞里或树干间睡大觉。眼镜熊攀爬技巧娴熟高超，所以它们也乐于多花点时间待在树上。有时候

它们干脆在树上做窝，这样可以舒舒服服地躺在窝里等着果实成熟。而且眼镜熊并不冬眠，原因很可能是食物来源丰富，一年到头都不会断档。眼镜熊在其分布范围内栖息于包括雨林、高海拔和树木稀疏的草原、干燥森林和灌丛沙漠在内的各种地方，最常见于茂密的森林中，那里有大量的食物和庇护所。它们还存在于高山寒冷植被、灌木林和草原中，沿海那些长着低矮灌木丛的沙漠也能让它们愉快生活。它们会根据季节变化，在各类型的栖息地之间旅行。它们的最佳栖息地是海拔500—1 000米的潮湿山地森林。

眼镜熊妈妈一窝可以生几个宝宝呢？ 眼镜熊几乎在一年中的任何时间都可交配，但通常高峰在4—6月，对应在雨季开始、水果成熟的高峰期。它们的恋爱结晶通常在11月至翌年2月出生，孕期长达6—8个月。这么长的孕期或许是因为存在受精卵延迟着床的现象。受精卵的延迟着床十分有助于宝宝未来的成长，毕竟在食物匮乏的时候来到这个世界会白白受苦。眼镜熊平均1胎生2个幼崽。它们的幼崽在出生时眼睛尚未睁开，体重仅300—330克。

眼镜熊为什么成了濒危物种？ 眼镜熊与许多物种一样，栖息地的丧失在种群减少中起着重要作用。仅在厄瓜多尔，眼镜熊在自然范围内的合适栖息地估计损失了40%，这造成了孤立的"小岛屿"熊种群。由于眼镜熊在不同的季节要依靠不同的生境来获取食物，因此必须保护大片区域，以确保眼镜熊全年都有足够的食物来源。尽管眼镜熊是颇为温顺的动物，但它们还是遭遇着人类的捕杀，其原因是它们的肉、皮毛、血液和骨骼都能卖钱。随着栖息地逐渐减少，它们的聚居地也因此被逐步分割，形成多个"孤岛"，这令这些动物的未来更加堪忧。但各国政府对眼镜熊的保护措施仍然极为有限，有些国家公园缺乏足够的资金支持，而当地政府又要保护农场主的利益，以至于有些农场主已被允许使用那些保护用地。

判断对错

1. 眼镜熊体形十分巨大。
2. 眼镜熊的毛色多以黑色为主。
3. 眼镜熊只喜欢吃鱼和肉。
4. 眼镜熊妈妈1胎可以生6个熊宝宝。
5. 眼镜熊栖息地丧失是它们数量减少的主要原因。

答案：1.× 2.√ 3.× 4.× 5.√

"佛系" 懒虫——树懒

明星名片

　　树懒学名Folivora，是哺乳纲、披毛目下树懒亚目动物的统称，共有2科2属6种。它们形状略似猴，动作迟缓，常用爪倒挂在树枝上数个小时不移动，所以在中文里，我们称呼它们为"树懒"。树懒的身上长有藻类、地衣等植物，所以外表呈现绿色。它们虽然有脚却不能走路，靠前肢拖动身体前行。它们终年栖居树上，用爪钩住树枝倒挂身躯，并在树上移行，可防备蟒蛇和猛禽等天敌的袭击。树懒分为三趾树懒和二趾树懒，三趾树懒前后肢均3个趾，二趾树懒后肢3个趾而前肢2个趾。两者颈椎数目也不相同，其中三趾树懒颈椎9枚，是哺乳动物中最多的，而二趾树懒则和多数哺乳动物一样是7枚。由于三趾树懒和二趾树懒结构上的区别较大，有人将两者置于不同的科，树懒科只保留三趾树懒，而二趾树懒则和已经灭绝的大懒兽类的大地懒亲缘关系更近。

Bradypod / Sloth

界：动物界 Animalia

门：脊索动物门 Chordata

纲：哺乳纲 Mammalia

目：披毛目 Pilosa

亚目：树懒亚目 Folivora

科：树懒科 Bradypodidae
　　　二趾树懒科 Choloepodidae

属：树懒属 *Bradypus*
　　　二趾树懒属 *Choloepus*

树懒的身上为什么总是长满植物？ 这就要从树懒的"懒"说起了。要问树懒有多懒，《疯狂动物城》这部电影中进行了较为拟人化的呈现，它们做事情慢到让人发狂。现实中，它们什么事都懒得做，甚至懒得去吃，懒得去玩耍，能耐饥1个月以上，非活动不可时，动作也是懒洋洋的，极其迟缓。就连被人追赶、捕捉时，也若无其事似的，慢吞吞地爬行。人们往往把行动缓慢比喻成"乌龟爬"，其实树懒比乌龟爬得还要慢。由于树懒主要分布于中美和南美热带雨林，多栖息在人迹罕至的潮湿的热带丛林中，刚出生不久的小树懒，体毛呈灰褐色，与树皮的颜色相近，又因为它们奇懒无比，平时很少动弹，使得地衣、藻类植物寄生在它们身上，这些植物依靠它们的体温和呼出的二氧化碳长得很繁茂，以至于像一件绿色的外衣，把它们的身体包裹起来。

树懒为什么没有"懒"到灭绝？ 从运动速度来说，陆地上几乎任何一种食肉性动物都可以轻而易举地捉到树懒美餐一顿。但是，为什么树懒还能生存到今天而没有遭到灭绝的厄运呢？原来满身的植物也成了树懒躲避敌害的保护伞。一团绿色植物把它们的身体包裹起来，使天敌很难发现它们。另外，它们一生大部分时间一动不动地倒挂在树上，即使运动其动作也极慢，这样也可以极少惊动敌人。加之，它们的身体不重，可以爬上细小的树枝，吃它们的肉食类动物上不了这种细枝，因此它们一直存活了下来。

树懒如何防御天敌？ 树懒生活在南美洲茂密的热带森林中，一生不见阳光，很少下树，以树叶、嫩芽和果实为生，吃饱了就倒挂在树枝上睡懒觉，可以说是以树为家。虽然很少受到天敌攻击，但仍有一些防御之道。树懒厚密的皮毛，一般能够防御中小食肉动物的抓咬；美洲豹、角雕、虎猫以及蟒蛇的食谱上都有树懒，但树懒的植物保护色很好，不易被天敌发现；最重要的是，树懒的肉并不好吃，这是进化带来的利于生存的好处之一。当然树懒自身也有一些本领，比如它们的爪子很厉害，劲头很大，爪很锋利，也是一种防御手段。综上所述，树懒的生存不会受到天敌的威胁，倒是人类破坏美洲森林会给树懒带来灭顶之灾。

树懒目前的生存状况如何？ 树懒已经在地球上生存了5 000多万年，但适合树懒存活的栖息地越来越少。对于树懒来说，它们主要的天敌就是美洲豹和猛禽，不过因为树懒常年生活在树上，不管是美洲豹还是猛禽，都很难在丛林里发现树懒的存在。同时树懒本来动作就非常缓慢，再加上它们的身上有一些植物，使它们可以完美地融合在丛林中，不被天敌发现。然而，这种局面现在已经发生了改变。由于人类的活动范围越来越大，环境污染越来越严重，很多丛林被砍伐，所以树懒赖以生存的栖息地变得越来越少，没有地方可以躲避，自然就更容易被天敌发现，再加上树懒没有任何攻击性，频繁出现在地面就很容易遭到捕杀，这正是树懒数量骤减、濒临灭绝的主要原因。

判断对错

1. 树懒是世界上最懒的动物。
2. 树懒的身上有多种植物。
3. 树懒没有任何防御能力。
4. 树懒很少下树。
5. 树懒受到威胁的原因主要在于天敌的捕杀。

答案：1.× 2.√ 3.× 4.√ 5.×

高跷独狼——鬃狼

明星名片

鬃狼学名*Chrysocyon brachyurus*，是南美洲最大的犬科动物，不过它们是鬃狼属唯一的一个物种。鬃狼主要分布在巴西南部、巴拉圭以及安第斯山脉东侧的玻利维亚境内。成年鬃狼体长120—130厘米，肩高74—78厘米，体重20—23千克，尾长约33厘米。鬃狼体侧的毛皮为红褐色，背部和腿部为黑色，尾巴尖部、喉咙处为白色。当遇到危险或准备进攻时，它们所具有的与众不同的鬃毛可以竖起，从而彰显自己的"威猛"。鬃狼喜欢独居，具有领地性，喜欢晚上行动，以啮齿动物、鸟、水果和植物为食。

Maned Wolf

界：动物界 Animalia
门：脊索动物门 Chordata
纲：哺乳纲 Mammalia
目：食肉目 Carnivora
科：犬科 Canidae
属：鬃狼属 *Chrysocyon*

你知道鬃狼喜欢吃什么吗？谈到鬃狼，人们的第一印象可能就是它们性格凶残，只爱吃肉，但实际上鬃狼和狼不一样，鬃狼是杂食性动物，除了啮齿动物等小型哺乳动物外，鬃狼还爱吃水果，所以被戏称为"吃素的狼"。鬃狼很爱吃一种和番茄很像的狼果，这是一种一年四季都结果的植物。当人类最早捕获了鬃狼并将它们送至动物园饲养时，饲养员并不知道鬃狼吃素，用大量的肉来饲养它们，结果反而导致被饲养的鬃狼患上了肾结石。

你知道鬃狼、切叶蚁、狼果有什么关系吗？鬃狼、巴西狼果和生活在巴西狼果树下的切叶蚁三者有奇妙的共生关系。切叶蚁是一类以"种植"为业的蚂蚁，就像人类栽培蘑菇一样，它们会搬运树叶，把叶片当作基质，培养可以食用的真菌。鬃狼喜欢在切叶蚁的巢穴附近排便，它们的粪便中有各种植物的种子。当切叶蚁把鬃狼的粪便当作肥料搬入"种植园"时，便会把"种植园"不需要的成分，例如巴西狼果的种子，搬运至巢穴之外。这个"无心插柳"的举动使得很多巴西狼果的种子萌发，从而促生了更多巴西狼果，最终成为鬃狼的食物，三者也因此形成了一种独特的互利共生关系。

为什么说鬃狼是动物王国里的独行侠？这是因为虽然被称为"狼"，但鬃狼的性情实则与真正的狼大相径庭。鬃狼十分害羞，既没有狼那种凶猛残忍的个性，也不喜欢群居，总是独来独往。它们一年中的大部分时间都独自行动、狩猎、睡觉。唯一的例外是每年春天，它们会与自己的伴侣相会，一直到鬃狼宝宝出生后的几个月，它们都会生活在一起，不过之后它们仍然会分开各自面对世界。它们喜欢独处，个性害羞。即使是一对个体，相互之间大部分时间也总是相敬如宾，不仅不会一起行动，甚至连觅食也会尽量回避对方。这种害羞的个性使得人们很难捕捉到鬃狼"夫妇"结伴而行的身影。

鬃狼的鬃毛有什么用处？ 鬃狼的脖子后面到背部，生长着一排黑褐色的又长又硬的鬃毛，这也是它们得名的原因，这排标志性的鬃毛让它们看起来威风凛凛，多了几分英气。除了美观之外，鬃狼的鬃毛还有更有价值的用途，独自行动使得鬃狼容易遭到更凶猛的捕食者，于是它们便会竖起自己的鬃毛，使自己看上去更威猛。同时，为了假装攻击敌人，它们还会发出低吼声作为攻击警告。

为什么鬃狼被比作"踩高跷的狐狸"？ 这是因为鬃狼耳朵大而直竖，再加上长长的尖脸，使它们的长相和赤狐非常像。不过，鬃狼的身体苗条，腿又长又细，就像踩着高跷，所以被比作"踩高跷的狐狸"。鬃狼站立时身高达90厘米，使它们拥有了"最高的野生犬科动物"的称号。长得高能帮助它们在高高的草丛中四处瞭望，捕猎小动物。不仅如此，它们的身高还能帮助它们找到野生水果和根茎类蔬菜。相比外貌，更有意思的是它们"同手同脚"的走路方式，就像人类的"顺拐"，但凭借修长的四肢，即使是迈着滑稽的步伐，它们仍然非常优雅。

鬃狼什么时候会出来活动呢？鬃狼非常喜欢晚上出来活动，每天有三个最活跃的时间段，这些时间段多在太阳出来之前或太阳落山之后。鬃狼每天大约从凌晨3点半开始出外，直到太阳升起时，才返回巢穴休息睡觉。中午12点过后，鬃狼又开始活动6—7个小时，但并不像清晨时那么活跃。夜间的23点左右，则是鬃狼一天中最后的外出时间。

鬃狼是"一夫一妻制"吗？鬃狼世界里实行"一夫一妻制"，夫妻关系比较固定，雄性鬃狼用尿液的气味来标记自己的领地，每天严格巡视领地，防止其他流浪的鬃狼入侵——它们的领地只愿与自己的配偶共享，而一对鬃狼通常共享一片大约27平方千米的领地。

判 断 对 错

1. 鬃狼只喜欢吃肉。
2. 鬃狼喜欢成群结队地行动。
3. 鬃狼喜欢吃切叶蚁。
4. 鬃狼的腿很长。
5. 鬃狼喜欢白天活动。

答案：1.× 2.× 3.× 4.√ 5.×

美洲 "大猫" ——美洲豹

明星名片

　　美洲豹学名Panthera onca，有时人们也会称它们为美洲虎，而在南美洲当地还称它们为斑点豹。美洲豹属于猫科，也是南北美洲现存的唯一一种豹属动物。美洲豹的平均体重为56—96千克，雄性大于雌性，其中有记录的最重雄性体重甚至达到了158千克。但与体重相比，在大型猫科动物中，美洲豹的尾巴可不算长，只有45—75厘米，除尾巴外，它们的体长平均为112—185厘米。不同地区、不同栖息地的美洲豹，体形存在差异。矮短粗壮的四肢使得美洲豹很擅长攀爬、匍匐和游泳。它们头部结实、下颌力量极其强大，咬力在所有猫科动物中排第三，仅次于虎和狮。和其他猫科动物一样，美洲豹是一类虔诚的肉食动物，一般只吃肉，也有证据表明野外的美洲豹会啃食一种藤本植物的根。在它们的食谱中，至少囊括87个物种，成年凯门鳄、鹿、水豚、貘、西猯、狗、伪狐等是它们最喜爱的食物。在中美洲和南美洲文化中，美洲豹是十分常见的符号，它们代表着勇气和力量，甚至以神的形象出现。美洲豹种群数量正在锐减，被列入世界自然保护联盟濒危物种红色名录的近危物种。

Jaguar

界：动物界 Animalia
门：脊索动物门 Chordata
纲：哺乳纲 Mammalia
目：食肉目 Carnivora
科：猫科 Felidae
属：豹属 *Panthera*

是虎是豹？为什么美洲豹也称"美洲虎"？ 美洲豹既不是虎也不是豹，是一种和虎、豹有"亲戚"关系的猫科豹属动物。那么它们为什么会被称为美洲豹或美洲虎呢？人们认为"美洲豹"源自图皮语的"yaguara"一词，意思是"猎捕其他动物的野兽"。这个词很有可能是从亚马孙河周边的商贸语言图皮南巴语演变为葡萄牙语单词"jaguar"，再走入英语世界的。"豹（panther）"源于希腊语的"panthēr"。希腊语里，pan-意味着"所有"，thēr代表"猎物"，合起来意思是"捕杀所有动物的猎手"。这个词在墨西哥的西班牙语里有个别名叫el tigre（新大陆虎）。16世纪的西班牙人在当地语里找不到用哪个词来代表"美洲豹"这种比狮小、比豹大的动物，也没在旧大陆见过它，于是叫它"虎"。另一个解释是美洲豹身上布满斑点，和豹很像，生活在美洲大陆，所以被称为美洲豹；又因为身体壮硕，脑袋较圆，体态行为和虎相似，故也被称为美洲虎。

如何区分美洲豹与其他豹类？（美洲豹的花纹有什么特点？） 豹属有四大著名的猫科动物，分别是狮、虎、豹、美洲豹。其中美洲豹和豹长相相似度在90%以上，到底如何区分它们呢？相比豹来说，美洲豹更矮、更壮，也更重。可以通过比较梅花形斑纹将两种动物区分开来：美洲豹身上的梅花形斑纹更大、更少，往往也更黑，斑纹轮廓线条更粗，当中有小斑点，这是豹所没有的。美洲豹与豹相比，头更圆、更短，四肢更粗壮。同为猫科动物的猎豹，也有相似的斑纹，但只要仔细观察，就会发现猎豹是黑色实心斑。至于我们常说的花豹、金钱豹，这两者其实都是俗名，指的是豹这个物种，它们在非洲和亚洲都有分布。

美洲豹是怎样捕食的呢？ 虽说美洲豹也常采用其他豹属动物那样的技巧，深深咬住猎物喉部使其窒息，但有时也会采用一项独门必杀技：直接用犬齿洞穿猎物（尤其是水豚）双耳间、颅骨处的颞骨，贯穿大脑。咬穿颅骨的做法在捕食哺乳动物时被专门采用，面对凯门鳄这类爬行动物时，美洲豹会跳到猎物背上，切断其颈椎，让猎物动弹不得。美洲豹在攻击包括平均重约385千克的大型棱皮龟在内的海龟时，会咬对方的头，往往先将这类猎物的脑袋咬下来，再拖走吃掉。美洲豹尾随伏击猎物，而不追捕它们。它们会沿林道缓慢行走、聆听并尾随猎物，然后猛冲或发起伏击。美洲豹会凭借掩护发动攻击，还往往选择狩猎对象的盲区，快速扑向对方。无论是当地人还是野外研究人员都认为这一物种的伏击能力在动物王国所向无敌，也可能因为这样，它们成了不同环境中的顶级掠食者。在伏击过程中，它们还会尾随猎物跳入水中，因为美洲豹是游泳高手，非常擅长边游泳边大开杀戒。美洲豹一杀死猎物，就将猎物拖到灌木丛或别的隐秘场所，它们先吃颈部和胸部，而不是上腹部。据估计，一只最轻的、体重34千克的美洲豹，一天要吃1.4千克的食物。

黑豹是美洲豹的亚种吗？ 其实，黑豹不是美洲豹的亚种，更不是单独的物种，它只是美洲豹的一种色型，是一种毛色黑化现象。简单理解，黑豹只是美洲豹中的黑色个体。但它们也并非没有斑纹，如果我们仔细观察黑豹的毛皮，尤其是在阳光照射下，就能隐约看到独有的圆形斑纹。当然，这种黑化现象也并非美洲豹所独有的，现存的近40种猫科动物中，据说有11—13种都被发现过有黑化的现象，其中黑色型比例最高的就是美洲豹。黝黑的体色有助于黑豹在林中捕食，所以这种独特的毛色也就可以相对稳定地遗传给后代，从而形成稳定的黑豹群体比例。它们也能和正常体色的美洲豹交配繁殖，生出一窝不同色型的小豹子。近年来一些研究表明，黑化还可能与免疫系统有益的突变有关。

美洲豹在中美洲和南美洲文化中有哪些体现？ 美洲豹在前哥伦布时期的中美洲和南美洲，象征着权力和力量。在秘鲁北部的莫切文化中，在许多陶瓷制品中将美洲豹作为力量的象征。生活在哥伦比亚安第斯山地区的穆伊斯卡人，他们的宗教将美洲豹视作一种神兽，人们会身穿美洲豹皮举行宗教仪式，兽皮被拿去做交易。中美洲的奥尔梅克文化，是墨西哥湾地区早期的一种有影响力的文化，他们在雕刻和小雕像上创造出一种极富特点的"美洲豹人"的图案。玛雅人把极具力量的猫科动物看成自己精神世界的同伴，一部分玛雅统治者的名字里带有玛雅语系里"美洲豹"的意思。阿兹特克文明里同样有美洲豹的形象，它在其中代表着统治者和武士。阿兹特克人塑造了一个特殊兵种——美洲豹武士。在当代文化中也广泛使用美洲豹的图案或名称。美洲豹是圭亚那的国兽，出现在该国国徽上。美洲豹还出现在巴西雷亚尔的钞票上。大量产品以美洲豹命名，最著名的就是英国一款以"美洲豹"命名的奢华汽车品牌——"捷豹"。墨西哥城1968年举办奥运会时，为纪念古代玛雅文化，将红色美洲豹的卡通形象作为其奥运会官方吉祥物。

美洲豹面临着哪些威胁？ 美洲豹种群数量正在锐减。世界自然保护联盟濒危物种红色名录将这种动物列为近危物种，这意味着它们在不久的将来可能面临灭绝的危险。数十年来，毛皮贸易商一直很看重野生猫科动物和其他哺乳动物的毛皮。从20世纪初开始，人类大量猎捕美洲豹，过度捕杀加上栖息地被毁导致美洲豹数量减少。二战末期到20世纪70年代，经济发展和制度的欠缺，使得围绕美洲豹毛皮所展开的国际贸易空前繁荣，这个时期的美洲豹数量减少得特别显著，每年有15 000多张美洲豹的毛皮被带出巴西与亚马孙盆地交织的地区。直到1973年《濒危野生动植物物种国际贸易公约》出台，毛皮贸易才大幅减少。交易数在1969年降低到7 000张，1976年以后，毛皮交易就更少了。导致美洲豹面临灭绝危险的另一个重要原因是栖息地的丧失和细碎化。如今，美洲豹活动范围相比历史栖息地已经减少了近一半，它们主要生活在墨西哥以南直到阿根廷以北地区，其中最主要的栖息地在亚马孙雨林。

判 断 对 错

1. 美洲豹和狮、虎是近亲。
2. 美洲豹的梅花斑纹中有点，而豹没有。
3. 美洲豹以急速爆发式奔跑来进行捕猎。
4. 黑豹是美洲豹的亚种。
5. 美洲豹的栖息地在不断减少。

答案：1.√ 2.√ 3.× 4.× 5.√

蚂蚁克星——大食蚁兽

明星名片

大食蚁兽学名*Myrmecophaga tridactyla*，是异关节总目披毛目食蚁兽的一种，是一种大型的食虫动物。大食蚁兽主要分布在中美洲与南美洲部分地区，生活在草地、落叶林和雨林地区。大食蚁兽是独居动物，个体之间少有互动。大食蚁兽在现存4种食蚁兽中体形最大，全长180—240厘米，体重27—41千克，雄性比雌性略大些。大食蚁兽的体毛长而坚硬，可达40厘米，尾部密生长毛。大食蚁兽前肢除第五指外，均具钩爪，后肢短，五爪大小相仿，用指节着地的形式行走，类似于现今的大猩猩、黑猩猩以及已灭绝的大地懒与爪兽，可以避免其长爪因接触到地面而磨损。大食蚁兽体灰白色，背面两侧有宽阔的黑色纵纹，纹的边缘白色。大食蚁兽又细又长的头部极具特色，给人以深刻的印象，眼耳极小且吻成管状。大食蚁兽牙齿退化，只剩下一些细小的白齿，下颌骨细长。细细长长的舌头方便伸缩，可以像传送带一样在口中自由进出，便于舐食蚁类及其他昆虫。

Giant Anteater

界：动物界 Animalia
门：脊索动物门 Chordata
纲：哺乳纲 Mammalia
目：披毛目 Pilosa
科：食蚁兽科 Myrmecophagidae
属：大食蚁兽属 *Myrmecophaga*

为什么大食蚁兽长着长长的舌头？ 这显然与大食蚁兽的进食习性有关。大食蚁兽长着一个长长的细嘴巴，像一根管子，嘴巴里没有显眼的牙齿，却长着一根细长的舌头。大食蚁兽主要以蚂蚁和白蚁为食，长舌头是取食蚂蚁的得力工具。在进食时，大食蚁兽凭借其富有力量的前肢、锋利的爪子先捣开蚁巢，伸出长约60厘米的舌头，其舌头上遍布细小的倒刺并富有大量特别黏的唾液，蚂蚁被粘住之后便无法逃脱。大食蚁兽再以每分钟150次的频率快速伸缩舌头，将蚂蚁送进嘴巴里，囫囵吞食。

为什么大食蚁兽被称为"蚂蚁克星"？ 作为体形最大的食蚁兽，大食蚁兽是"蚂蚁杀手"军团中的主力军。南美洲丛林中，臭名昭著的白蚁会利用自身的分泌物筑成高达数米的蚁丘，经过风吹日晒后的蚁丘变得异常坚硬，甚至有人尝试用铁镐敲击，也只能留下一道浅浅的痕迹。但大食蚁兽能够用锋利的前爪轻易掀开蚁穴，用吸管似的嘴和长长的舌头吸食白蚁。而在南美洲地区大名鼎鼎的行军蚁，也是大食蚁兽的美食。行军蚁对大食蚁兽厚厚的皮毛束手无策，大食蚁兽却能轻松地将它们吃个干净。

大食蚁兽只有3根手指吗？ 食蚁兽由现代生物分类学之父卡尔·林奈于1758年命名。大食蚁兽的学名"*Myrmecophaga tridactyla*"，意思是"3根手指吃蚂蚁"，被认为是基于该生物独特的爪子的名字。不过，大食蚁兽的每个爪子上其实有5根"手指"：爪子上的4根手指和1个肉球。人们之所以有"3根手指"的说法，是因为大食蚁兽的第4根手指很小，人们第一眼过去看不到，留下了大食蚁兽只有3根手指的错误印象。

大食蚁兽和树懒是近亲吗？ 当你第一眼见到大食蚁兽时，也许会觉得它的长相如此清奇，若是看它的大家族——异关节总目动物，你会发现它们的长相都怪得各有千秋，谁也别说谁了。异关节总目，又称贫齿总目，是最原始的真兽类动物之一，因没有犬齿和门齿而得名，大食蚁兽就是其中之一。由于分化得早（最早的古贫齿类可能生活在古新世晚期），异关节总目动物没多少近亲可言，现存的成员也只有区区数种，可以再细分为披毛目的食蚁兽科、侏食蚁兽科、树懒科以及有甲目的各种犰狳这几类，所以可以说大食蚁兽和树懒是近亲关系。

独居的大食蚁兽在什么时候彼此之间会有互动？ 野外的大食蚁兽通常过独居生活，即使在野外相遇时，它们常常会相互无视或逃跑，尽管也会发生激烈的打斗，通常只会以尾巴平衡并以前肢进行搏击，从而站成两足动物的姿势。大食蚁兽喜昼伏夜出，个体之间很少有互动，当然少数情况下例外，

比如雄性之间的示威，交配以及养育后代。大食蚁兽每胎仅产1仔，雌性大食蚁兽会将幼仔背在背上活动。

大食蚁兽只吃蚁类吗？ 即使在野生环境中，大食蚁兽也不只吃蚁类，当它们遇到一些柔软的水果时，也会将它们当作不错的辅食吃掉。不过在动物园里，大食蚁兽的饮食不得不被人类改变，毕竟要在动物园里专门饲养很多蚂蚁供给大食蚁兽吃实在不可能，成本昂贵不说，也特别难以维护。为了让大食蚁兽适应，动物园里的饲养员通常会模拟造出蚁巢，在其中放上昆虫和果酱供大食蚁兽舔食。

大食蚁兽面临哪些威胁？ 大食蚁兽主要生活在巴西、乌拉圭等南美洲国家，它们栖息于热带草原中，喜欢在水边低洼地和森林沼泽地带营筑家园。大食蚁兽性情温和，且极其容易受到惊吓。飞机飞过头顶、风吹树叶响动都有可能让大食蚁兽惊吓错愕，"开启"自卫模式。遇到危险时，大食蚁兽会疾走逃遁，这时的动作常常十分难看。若实在逃不脱又在紧急状态下时，大食蚁兽会以后肢站立，用发达有力的前肢实施攻击，同时口中还会发出奇特的哨声做出威胁状。由于栖息地丧失、人类捕猎、野外山火等原因，它们的数量已经大为减少，大食蚁兽已被列为国际自然保护联盟濒危物种红色名录的易危物种，它们在许多地区都面临着局部灭绝的危险。

判 断 对 错

1. 大食蚁兽的舌头可以伸到60厘米。
2. 野外大食蚁兽是群居动物。
3. 大食蚁兽只有3根手指。
4. 大食蚁兽只会吃蚁类。
5. 大食蚁兽在紧急状态下会实施攻击。

答案：1.√ 2.× 3.× 4.× 5.√

丛林歌王——吼猴

明星名片

　　吼猴学名*Alouatta*，是在中美洲和南美洲大陆生活的体形最大的猴子之一，现存15种，它们以响亮的叫声著称。吼猴身体粗壮，体长约60厘米，尾长约50厘米，雌猴比雄猴小很多。吼猴身上披有浓密的毛发，多数为褐红色，而且能随着太阳光线的强弱和投射角度不同，变幻出从金绿到紫红等各种颜色，十分美丽。吼猴的面部没有毛发，鼻子粗短，眼眶朝前突出，拥有发达的下颌骨，用以保护发声器官，前臂和腿都很长。吼猴是群居的树栖动物，主要以植物的果实为食，极少到地面活动，以潮湿树叶或露水解渴，也会吃小动物。吼猴舌骨发达，在晨昏活动、遇到敌害或争夺领地时，可发出巨大吼声，1.5千米以外都可听见，吼猴的名字便由此而来。吼猴分布在中美洲和南美洲的热带地区，在常绿、半落叶及低地雨林中栖息生活。

Howler Monkey

界：动物界 Animalia
门：脊索动物门 Chordata
纲：哺乳纲 Mammalia
目：灵长目 Primates
科：蜘蛛猴科 Atelidae
属：吼猴属 *Alouatta*

吼猴是怎么在丛林里运动自如的呢？ 吼猴在茂密的热带丛林中是靠四肢行走的，长长的尾巴可以提供额外的支撑。吼猴通常至少用两只手或用一只手和尾巴抓住树枝，它们的第二及第三指隔得很开，很适合抓住树木。吼猴有一条细长能卷曲的尾巴，尾巴上有毛，但最末的底部却没有毛，方便缠住东西，以适应其专门树栖的生活。这条强有力的可缠绕的尾巴能够支撑它们整个身体的重量，虽然成年吼猴并不经常依靠尾巴来支撑整个身体，但幼年的吼猴经常这样做。所以，灵巧的四肢和强有力的尾巴就是吼猴能够在树上行走自如的秘密。

吼猴会像我们人类一样跟家人在一起生活吗？ 吼猴当然也有爸爸妈妈，但吼猴是分族而居的。族群大小因物种和地点的不同而不同，每族大约包括3只猴爸爸、3只猴妈妈、3只仍需哺乳的猴宝宝和4只未成年的小猴子，猴爸爸负责领导整个族群，还会担当起保护猴妈妈和小猴子的责任。猴妈妈专管产子和育儿，经常会抱着猴宝宝喂奶或者睡觉，免得猴宝宝被风吹雨淋，对小吼猴可谓是十分爱护。小猴子们会和父母一同生活到长大成熟，成年后吼猴会从出生族群迁出加入新的族群，因此吼猴成年后的大部分时间会和没有血缘关系的猴子们在一起生活，共同组建新的家园。

吼猴会像其他动物一样互相打架吗？ 吼猴同类间相处融洽，所以吼猴的族群成员之间一般是不会打架的，即使闹了矛盾也会很快和好，但是由于它们力气都很大，一旦打起架来可能会对彼此造成严重的伤害。雄猴和雌猴之间很少会打架，更不会互相攻击对方，所以吼猴们之间的相处通常还是很友好的。但如果有敌害或异族走近它们的领地，雄猴便以齐声吼叫或其他行动将侵犯者赶走，它们的团结性和斗争性十分令人佩服。

吼猴之间怎么互相交流呢？ 就像吼猴名字的由来那样，声音交流是吼猴们日常沟通的重要手段。吼猴的舌骨特别大，能够形成一种特殊的回音器。每当它们需要发出各种不同性质的传呼信号时，它们就让异常巨大的吼声不停息地响彻于森林树冠上，有时十几只在一起，用它们特有的"大嗓门"咆哮呼号，震撼四野，发出的巨声，可使1.5千米以外的人清楚地听到。雄性吼猴通常会在黎明和黄昏时鸣叫，它们的声音主要是响亮、低沉、喉音般的咆哮或"嚎叫"，但它们可不是肚子饿了喊着要吃饭，而是在保护自己的领地，响亮的吼声还可以吓退图谋不轨的敌人。吼猴被广泛认为是吼声最大的陆地动物，根据《吉尼斯世界纪录大全》，它们的叫声在3英里(约4.8千米)的距离内都能清晰听到！

吼猴是怎么安排自己的食谱的？ 虽然吼猴体形庞大，但它们是素食主义者。活动缓慢的吼猴是唯一食用叶子的新大陆猴，各种各样的树叶、果实、坚果和种子它们都吃。吼猴每天要花3—4小时进食，一只吼猴一天能进食超过1.5千克的食物。它们常常用尾巴倒悬在树上，直接用嘴啃食树枝上的叶子和果实，或者用尾巴将食物拉过来吃。吼猴们知道美食诱人，但深谙不能"贪杯"的道理。因为森林里的树叶大多包含有生物碱和毒素，而吼猴有很好的辨别能力，总是挑选树叶中含毒量最小的部分，如叶柄、嫩叶和成熟了的果实来吃。它们要特别小心不要一次吃太多的特定种类的树叶，这些树叶含有的毒素会毒害它们。当然，吼猴偶尔也会袭击鸟巢，并吃掉鸟蛋，以此丰富一下自己的餐桌。另外吼猴常年栖息在树上，从不轻易下树，所以在口渴时会舔些潮湿的树叶来解渴。

吼猴和人类相处得怎么样？ 吼猴很少有攻击性，但它们不喜欢被关在笼子里面，而且吼猴的性情是很多变的，有点让人琢磨不透。对于古代的玛雅人来说，吼猴是工匠的神圣守护神，文士和雕刻家尤其喜欢它们。在某些部落中它们被视为神灵，长长的、光滑的尾巴因其美丽而受到崇拜。但是现在吼猴的生存正受到人类的捕杀、栖息地的破坏、宠物的捕获等的威胁，所以我们要齐心协力来保护它们。

判 断 对 错

1. 吼猴喜欢吃肉。
2. 吼猴脾气暴躁，爱打架。
3. 吼猴的叫声可以保护它们的领地和家人。
4. 吼猴一辈子都和爸爸妈妈在一起生活。
5. 吼猴在玛雅文化中被视为神灵。

答案：1.× 2.× 3.√ 4.× 5.√

奇蹄遗存——南美貘

明星名片

南美貘学名*Tapirus terrestris*，又名巴西貘或低地貘。南美貘呈深褐色，头顶至颈背有一道短而直立的鬃毛。它们体长180—250厘米，尾巴长5—10厘米，肩高77—108厘米，体重可达230千克。南美貘是草食性动物，它们会利用灵活的吻来吃叶子、芽、嫩枝及细小的树枝。它们能游善跑，就算在崎岖的山地也能奔走自如。在野外，它们的天敌主要是鳄鱼及大型的猫科动物，如美洲豹及美洲狮。南美貘栖息在南美洲亚马孙雨林及亚马孙盆地近水的地区，它们的分布地北临委内瑞拉、哥伦比亚及圭亚那，南至巴西、阿根廷及巴拉圭，西至玻利维亚、秘鲁及厄瓜多尔。在世界自然保护联盟濒危物种红色名录中被列为易危物种。

South American Tapir

界：动物界 Animalia
门：脊索动物门 Chordata
纲：哺乳纲 Mammalia
目：奇蹄目 Perissodactyla
科：貘科 Tapiridae
属：貘属 *Tapirus*

南美貘的外形有什么特点？ 南美貘的形象非常特别，又称"五不像"，鼻似象，耳似犀，尾似牛，足似虎，躯似熊。其中鼻子的特点最为突出，貘类是世界上鼻子第二长的动物，南美貘的鼻子相比野猪等动物的鼻子来说更长，但是相比大象的来说更短，更准确地说，应该叫作鼻吻部。它们的鼻吻部柔软而下垂，连接着上唇，呈现出一种前端被削尖的状态。这个适应森林生活而形成的绝妙附属物能够向很多方向自由伸缩，使它更容易卷摘食物。在强劲肌肉的帮助下，它们可以随意摘取植物的叶子、果实或者种子，甚至能折断树干或者树枝。南美貘的身躯很长，可以达到180—250厘米，但尾巴十分短小，仅有5—10厘米，如果不仔细观察都不会留意到小短尾。身上的毛短而光滑，虽然极细极小，却精致漂亮，时刻向人们昭示非凡魅力。成年的南美貘全身深褐色，腹部和下巴处较浅，并且在头顶和颈部背侧带有一圈鬃毛，但是幼年的南美貘又是另一番形象，它们整体呈现褐色，全身布满了纯白色的斑点，这些斑点看起来就像漫天星辰，非常独特，就连耳朵背后也是一样。成年的南美貘比中美貘要小一些，是目前分布最广的貘种类之一。

如何区分不同种类的貘？ 作为奇蹄目的代表，貘在四五千万年前已出现，之后形态上一直没有明显的变化，某种意义上可以算作活化石。包括南美貘在内，世界上共有5种貘，其中东南亚有1种，南美洲有4种。如何区分这些不同种类的貘呢？南美貘最具特色的是头顶至颈背的那道短而直立的鬃毛，颈部及耳朵边缘呈白色，身上的毛短而光滑。中美貘和南美貘较为相似，又被称为拜氏貘，以吃水生植物为主。其脸部、喉部都有乳白色的毛，并且左右都有像痣一样的黑点。山貘又称安第斯貘、毛貘，是体形最小的貘。它们的颜色很深，嘴唇及肛门附近有白色条带。亚洲貘在这4种貘中是最好区分的，它们又被称为马来貘、印度貘，是体形最大的貘。不过比起其他貘，亚洲貘的头相对更小，头至颈部呈黑色，整个身体呈白色，远远看去和我国国宝大熊猫有些相像。2013年，研究人员宣布发现新种——卡波马尼貘，它们成为世界第5种貘。有趣的是，研究者发现，位于纽约的美国自然历史博物馆里其实已经陈列了一只卡波马尼貘——但是大家之前都不知道它是这种貘！卡波马尼貘与南美貘的亲缘关系最近，两者分布区域有重叠，遗传学研究表明卡波马尼貘和南美貘大约在30万年前"分道扬镳"。

南美貘居住在什么环境中？ 南美貘一般栖息在南美洲亚马孙雨林及亚马孙盆地近水的地区，喜欢在地势平缓、周围环覆水域的地方安家——这也是它们又被称作"低地貘"的原因。南美貘虽然是陆地生物，但是它们非常喜欢在水中游泳，可以在浅水处长久地行走，如履平地，更有在水底"行走如飞"的看家本领。尤其是在傍晚的时候，大批的南美貘会长时间沉溺在河流或者湖泊之中，边嬉戏边清洗全身，这样也使得自己能够将身体上大部分的寄生虫清洗掉。它们还喜欢在泥潭里打滚，这是由于尾巴很短，不能驱除蚊蝇的螫咬，所以才将体表涂上泥巴，形成保护层。南美貘虽然行走不快，但是适应能力很强，即便是崎岖的山路它们也能自如地行走，不过在受到威胁的时候还是会习惯性地躲到水里。如果遇到美洲虎、美洲狮等猛兽，它们除了利用适于在树丛中穿行的体形拼命钻进林中把敌害甩掉外，还能迅速潜入河底逃脱险境。

南美貘是如何繁殖的？ 南美貘繁殖期不固定，孕期11.5—13个月，母南美貘两年才生1胎，每次只生1只。初生的南美貘重约6.8千克，身上有黄色斑点和条纹，约6个月后就会断奶。它们4—5岁性成熟，一般寿命在20—25年。在人工饲养下，个别寿命达35年。南美貘大多选择独自生活，就算是

雌性和雄性交配之后，也只是一起生活短短的两周时间就会再次分开。此外就是在哺乳期的时候，雌性南美貘会和幼崽一起生活，因为幼崽不停地喝奶，所以每天能长约0.5千克，而它们身上的白色条纹也是为了更好地伪装，在丛林中形成保护色。

南美貘面临着哪些威胁？ 貘最早诞生在北美洲，后来扩散到亚洲、南美洲乃至欧洲——但大部分最后都灭绝了，剩下的只有分布在亚洲和南美洲的这5种。作为大型动物，貘数千年来一直遭到人类捕杀，它们在很多原住民部落里是食物的来源和神话的组成部分，但也是很多生态系统里重要的种子掠食者和扩散者。南美貘的主要威胁是栖息地的丧失，包括森林砍伐、盗猎和与家畜竞争资源。在南美洲的东北部，南美貘只有在保护区内才能躲避非法狩猎。在保护区外，它们还在被人类追捕，被狗追，并与人类饲养的牛群竞争食物来源，非法木材盗伐活动也对它们的生存造成了严重的负面影响。

判断对错

1. 南美貘和犀牛同属于奇蹄目动物。
2. 貘只生活在南美洲。
3. 南美貘游泳本领高超。
4. 南美貘的幼崽和成年个体体色一样。
5. 南美洲的原住民不会捕杀南美貘。

答案：1.√ 2.× 3.√ 4.× 5.×

微型河马——水豚

明星名片

　　水豚学名*Hydrochoerus hydrochaeris*，是一种半水栖的食草动物，也是世界上体形最大的啮齿类动物。水豚体长106—134厘米，肩高50—62厘米，体重35—66千克，雌性比雄性略大。水豚还是游泳好手，趾间有小蹼，前足4个趾，后足3个趾。它们大部分时间都待在水中或水边，甚至能够在水下睡觉，仅把鼻孔暴露在空气中。它们分布在南美洲安第斯山以东的热带和温带地区，后来又被引入佛罗里达以及美国其他的亚热带地区。水豚的食物以水草和树皮为主。其性情温驯，因此经常被养在公园里供人们观赏。

Capybara

界：动物界 Animalia
门：脊索动物门 Chordata
纲：哺乳纲 Mammalia
目：啮齿目 Rodentia
科：豚鼠科 Caviidae
属：水豚属 *Hydrochoerus*

水豚和老鼠有什么关系？ 水豚看起来就像超大号的豚鼠，后者就是在中文中被称为"荷兰猪"的啮齿类动物。很多人会疑惑水豚和老鼠是否有亲缘关系。确实，水豚和常见的老鼠的血统可差得不远，它们同属啮齿目，所以很多人会叫水豚"没有尾巴的老鼠"。作为啮齿类动物，它们共同的特征是在上下颌各有一对没有牙根、形状如凿子的门牙。这对门牙终生都在生长，因此它们必须不断地通过啃咬东西来磨牙，"啮"正是它们特有的生理需要。如果不经常磨损前端的门牙，恐怕这些啮齿类动物就会因为不断生长的门牙合不上嘴而被活生生地饿死。当然水豚和小老鼠在其他方面有很大的差异，水豚体形是普通家鼠的好几倍，是最大的啮齿类动物。它们身材肥胖，披着一身稀疏而粗长的黑灰、略为发黄的毛皮，前肢4个趾，后肢3个趾，趾间有蹼。与其他啮齿类动物相比，水豚没有典型的"V形脸"，口鼻与其他鼠类相比显得很短，甚至有点"方"，酷似河马，自然也有了"南美微型河马"这样的外号。

水豚生活在哪儿？ 从水豚的名字中，你便可窥知一二。没错，水豚一般在靠近水域的密林中生活，一些稀树草原上也可以见到它们的踪迹，但它们一生中绝大部分时间都待在水中，由于经常生活在水中，相传在18世纪，水豚还被当作过"鱼类"。当时到委内瑞拉的欧洲传教士只能得到有限的食物，而且在大斋节期间红肉是被禁止的，于是水豚肉就成了当时的热门货，水豚被人们猎杀食肉。一直到近代，委内瑞拉等地还有在旱季捕猎水豚的习惯。

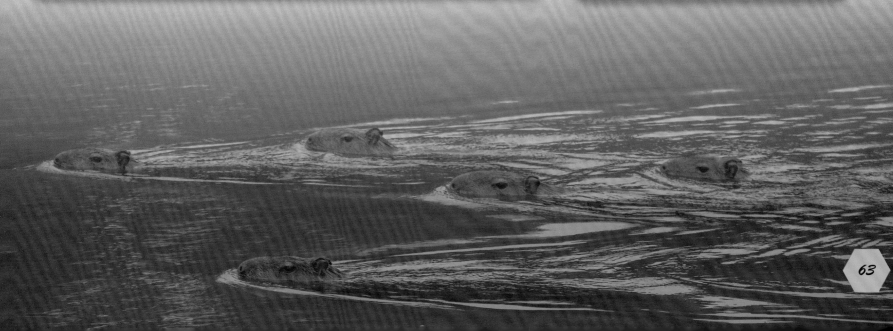

水豚是如何繁殖的？ 水豚在1.5岁、体重到30—40千克时达到性成熟。水豚的怀孕期持续130—150日，一般将在陆地上生产1—8头幼崽。出生数小时后，当雌水豚返回族群时，幼崽就能够自主行动加入水豚群了。幼崽出生1周后就可以吃草了，但一般在16周内都会接受哺乳，不过哺乳幼崽的并不一定是它们的亲生母亲。每天黄昏的时候是水豚进食的高峰期，此时的水豚群体会留下一只雌性水豚作为临时"保姆"在栖息地照顾小水豚，其余的成年水豚到周围觅食。这个水豚"保姆"的工作由群里的雌性成年水豚轮流兼任，当其他成年水豚陆续离开之后，保护小水豚的安全也就全部落在了雌性水豚"保姆"的身上。

水豚是群居动物吗？ 水豚是群居动物，但有时候也会独自生活。一般的水豚群个体数量在10—20只之间，其中2—4只是成年雄性，4—7只为成年雌性，剩余为幼崽。旱季的水豚群个体数量会增加，达到50—100只。雄性的地位明显等级化，处于领导地位的水豚比其他个体更重，但除去这只领头水豚之外，其他水豚之间的等级并不以体重相区分。领头水豚会被其他水豚围在群体中央，并可以得到最好的资源。水豚的等级观念在幼年玩耍时就已经开始形成了。

水豚的饮食习惯是怎样的？ 水豚是食草动物，食物以草、水生植物、树皮和果实为主。水豚十分挑食，常常只吃一种而丝毫不动其周边的其他植物。但是旱季因为食物减少，其食谱也会相应扩大。所以相对主要吃草的雨季，水豚在旱季也会食用芦苇。它们有一个弱点，那就是消化系统并不"争气"。我们知道植物的大部分结构和营养贮存部位都含有大量的纤维素和半纤维素，多数食草动物都不能依靠自身的消化酶完全消化这些混合物。在消化不完全的情况下，粪便中就会含有丰富的营养物质。曾有研究表明，水豚的近亲豚鼠粪便中粗蛋白质（蛋白质和含氮物质）的含量占到了14%—17%，并被用作羊的蛋白添加饲料。所以水豚会通过吃自己的粪便来补充维生素、矿物质以及肠道微生物，帮助分解草中的纤维素。这相当于进行二次消化，是充分利用食物的体现。此外，它们还会像羊和牛一样进行反刍，这都是适应于食草的结果，以达到对食物利用的最大化。

水豚如何保护自己不被捕食者吃掉？ 很多大型食肉动物都会馋水豚肉嘟嘟的身子，它们是美洲豹、水蚺、美洲狮、凯门鳄等捕食者的最爱。那么它们是如何保护自己不被捕食者吃掉的呢？水豚的特征之一就是眼睛、耳朵和鼻子都长在头的上部，这种独特的长相能够确保它们在感觉到危险的时候，返回水里仍然能够看到、听到和闻到捕食者。身为陆生哺乳动物，水豚的水性其实极佳，可以在水下完全存活5分钟，如果有必要，它们几乎可以在水下睡觉，鼻子紧贴着水线。水豚在感觉到危险时，还会发出犬吠般的声音提醒群体中的其他成员。除了吠叫，它们还会用口哨声、尖叫声和呼噜声进行警示。凭借这种独特的交流方式，也可以减小被捕杀的概率。一般来说水豚在黄昏时最活跃，不过当感到威胁时，它们会选择白天睡觉，夜间活动。黑暗为它们的进食和社交提供了掩护，这样捕食者就不太可能攻击它们。

判断对错

1. 水豚是最大的啮齿动物。
2. 水豚和鱼一样完全生活在水中。
3. 水豚幼崽会接受其他妈妈对它们进行哺乳。
4. 水豚没有等级制度。
5. 食草的水豚和山羊一样可以反刍。

答案：1.√ 2.× 3.√ 4.× 5.√

超级大嘴——巨嘴鸟

明星名片

　　巨嘴鸟学名*Ramphastos*，标准中文名其实叫鵎鵼，是鴷形目鵎鵼科鸟类的统称，因喙巨大而闻名，部分巨嘴鸟的喙长甚至可以达到身体长度的一半。巨嘴鸟的喙长17—24厘米，宽5—9厘米，犹如一把半月形刀。巨嘴鸟体长（包括喙）36—79厘米，体重115—860克。雄鸟的喙通常比雌鸟的长。大多数情况下，它们的体羽鲜艳，两性在着色上也很相似。色彩艳丽和惊人的大喙使它们具有极高的观赏价值。巨嘴鸟的喙外面是一层薄薄的角质鞘，里面是中空的，有不少细的骨质支撑杆交错排列着，所以其远没有人们想象的重。喙的边缘呈明显的锯齿状，喙基周围无口须。脸和下颚裸露部分的皮肤通常着色鲜艳。有几个眼睛颜色浅的种类在瞳孔前后有深色的阴影，这使它们的眼睛看起来成一道横向的狭缝。它们的鸣声一般不悦耳，只有少数种类拥有优美动听的鸣转或忧伤的鸣声。巨嘴鸟主要分布在美洲热带地区，栖息在雨林、林地、长廊林和草原上。巨嘴鸟中著名的有托哥巨嘴鸟、彩虹巨嘴鸟、橘黄巨嘴鸟、番红巨嘴鸟、红胸巨嘴鸟等。

Toucan

界：动物界 Animalia
门：脊索动物门 Chordata
纲：鸟纲 Aves
目：鴷形目 Piciformes
科：鵎鵼科 Ramphastidae
属：鵎鵼属 *Ramphastos*

巨嘴鸟为什么需要这么大的喙呢？ 数个世纪以来，自然学家一直在研究巨嘴鸟的喙究竟作何用途。在高温天气下，巨嘴鸟的喙可以用来散热，巨嘴鸟的喙上分布着一个血管网，巨嘴鸟通过扩张血管来降温，就像大象用耳朵降温一样。从生活角度而言，当笨重的巨嘴鸟立于树枝较粗的树冠上时，这个大大的喙能够方便它们采集到外层细枝上的浆果和种子。因此，巨大的喙让它们比其他食果鸟在树上寻觅果实更占优势。此外，鲜艳夺目的喙给巨嘴鸟带来了一定的威慑力。巨嘴鸟是一种"机会性杂食动物"，它们主要吃水果，但如果生存环境中没有水果、蔬菜、植物或坚果等，为了生存，它们也会吃蜥蜴、其他鸟类和昆虫等动物。有时候巨嘴鸟会摸进其他鸟类的巢穴，趁着主人不在家将它们的鸟蛋或是幼鸟一股脑地吞进肚子里去。

巨嘴鸟一生下来喙就很大吗？ 巨嘴鸟的喙占了身体的1/3，这么大的喙可不是一生下来就有的。刚出壳的小巨嘴鸟全身一根羽毛都没有，双眼紧闭，而且喙很短，完全看不出以后会有一个大嘴巴。跟别的鸟类相比，小巨嘴鸟生长得非常慢，有些种类满月时身上还没几根羽毛。经过2个月的悉心哺育，终于离开巢穴的小巨嘴鸟，除了喙不够大、颜色不够鲜艳外，基本上跟成年巨嘴鸟一样。至于那个标志性的大喙，至少需要1年才能完全长成。

托哥巨嘴鸟因什么而著名？ 托哥巨嘴鸟，又名鞭苔巨嘴鸟，是体形最大、最著名也是野生族群数量最庞大的一种巨嘴鸟。托哥巨嘴鸟的羽毛主要是黑色，喉咙、胸部及上尾底白色，下尾底呈红色。它们的眼睛周围呈浅蓝色，外围呈橙色。它们的喙巨大，呈黄橙色，下部及嘴峰呈红橙色，尖端底部黑色。它们全长55—65厘米，其中喙长20厘米，重500—860克。雄鸟较雌鸟大，但两者相似。雏鸟的喙较短。托哥巨嘴鸟并非如其他鵎鵼属的鸟那般栖于森林内，它们栖息在半开放的环境中，例如林地、大草原等低地区域。托哥巨嘴鸟通常三五成群活动，大多做短距离飞行，活动的范围并不大。

彩虹巨嘴鸟为什么会成为伯利兹的国鸟？ 伯利兹是中美洲唯一以英语作为官方语言的国家，原始居民是玛雅人，他们曾在那里创造过灿烂的古代文明。彩虹巨嘴鸟（又名厚嘴巨嘴鸟）主要分布于墨西哥南部至巴拿马一带的中美地峡，栖息在热带、亚热带及低地雨林的冠层。彩虹巨嘴鸟是高度群居的鸟类，通常会以6—12只的小群穿越低地雨林，很少会单独见到它们。彩虹巨嘴鸟特别引人注目，不仅因为全身羽毛色彩斑斓，更是因为它们那占了全长1/3、长12—15厘米的喙。彩虹巨嘴鸟羽毛主要是藏蓝黑色，却有着柠檬黄色的颈部和胸部，眼睛四周为一圈天蓝色的眉毛，巨大的喙上几乎包含了雨后彩虹所有的颜色。其正是因为艳丽的外表而被伯利兹选为国鸟。彩虹巨嘴鸟不但温和亲人且智商颇高，在栖息地常有向游客乞食的情形，与人的互动可以达到亲密的程度。

巨嘴鸟跟犀鸟有哪些区别呢？犀鸟在动物分类学上是鸟纲佛法僧目中的一个科，是一类珍贵而漂亮的大型鸟类，主要分布在非洲撒哈拉沙漠以南地区和南亚、东南亚的热带地区。跟巨嘴鸟一样，它们喙的长度占了身长的1/3至1/2，所以有时人们会把巨嘴鸟和犀鸟搞混。其实，只要仔细观察就会发现，巨嘴鸟和犀鸟长得还是很不一样的。犀鸟的头上长有一个铜盔状的突起，叫作盔突，就好像犀牛角一样，因而得名。犀鸟背面羽毛纯黑，具绿色金属光泽；翼缘和飞羽先端白色。此外，巨嘴鸟的喙比起犀鸟来，要显得色彩更加多变且鲜艳。

判断对错

1. 巨嘴鸟的喙很笨重。
2. 巨嘴鸟从小就有很大的喙。
3. 托哥巨嘴鸟是体形最大的巨嘴鸟。
4. 彩虹巨嘴鸟是伯利兹的国鸟。
5. 巨嘴鸟跟犀鸟是同一种鸟。

答案：1.× 2.× 3.√ 4.√ 5.×

解毒高手——金刚鹦鹉

明星名片

　　金刚鹦鹉学名Psittacidae，是色彩最艳丽的大型鹦鹉，共有6属17个物种，6个属分别为金刚鹦鹉属（Ara）、紫蓝金刚鹦鹉属（Anodorhynchus）、小蓝金刚鹦鹉属（Cyanopsitta）、蓝翅金刚鹦鹉属（Primolius）、红腹金刚鹦鹉属（Orthopsittaca）和红肩金刚鹦鹉属（Diopsittaca）。该科的鹦鹉尾极长，有着镰刀状的大喙。面部无羽毛，兴奋时可变为红色。两性外貌相似。所有金刚鹦鹉都具有细长的身体、长长的翅膀和长长的锥形尾巴、超大的头部和喙。长而尖的翅膀可以使它们迅速飞翔。具对趾足，每只脚有4个脚趾——2前2后，其第一和第四趾向后指向。它们的最高时速可达每小时56千米，这些敏捷且适应性强的大鸟能够轻松穿越茂密的森林。羽毛着色方面存在差异，范围从绿色到蓝色、红色和黄色。金刚鹦鹉生活在中美洲东部和南美洲东北部的热带雨林中。金刚鹦鹉体重250—1 400克，体长30—100厘米，最长寿命可达80年。

Macaw

界：动物界 Animalia
门：脊索动物门 Chordata
纲：鸟纲 Aves
目：鹦形目 Psittaciformes
科：鹦鹉科 Psittacidae

属：金刚鹦鹉属 *Ara*
　　紫蓝金刚鹦鹉属 *Anodorhynchus*
　　小蓝金刚鹦鹉属 *Cyanopsitta*
　　蓝翅金刚鹦鹉属 *Primolius*
　　红腹金刚鹦鹉属 *Orthopsittaca*
　　红肩金刚鹦鹉属 *Diopsittaca*

金刚鹦鹉绚烂亮丽的羽毛有什么作用？ 绚烂亮丽的羽毛使它们适合生活在热带雨林中。在那里，有很多颜色鲜艳的树叶、花朵和果实。金刚鹦鹉鲜艳的颜色可以很自然地融入环境，它们的羽毛与花和斑驳的光线融为一体，使得它们可以躲开捕食者。当鹦鹉栖息在高高的树杈上时，捕食者会误以为它们是水果或者鲜花。许多种类的鹦鹉在眼睛周围有一小圈裸露的皮肤，比如亚马孙鹦鹉，但是只有金刚鹦鹉在脸部的两侧有大片的裸露皮肤。

鹦鹉的脚有什么特别的特点呢？ 跟其他鸟类不同，鹦鹉可以用脚把食物送到自己的嘴里。它们能用脚把一块食物抓起来，就像用手去握住一只杯子一样。鹦鹉的脚握力极强，它们可以把树杈抓得非常紧，以至于能将身体倒挂起来。每只脚上有4个长长的脚趾，2个脚趾朝前，2个脚趾朝后，这样的结构让鹦鹉很容易抓住滑溜的种子、坚果和果实。有时，它们甚至可以一条腿站立。

鹦鹉是怎样照顾它们的鹦鹉宝宝的呢？ 鹦鹉爸爸和鹦鹉妈妈像一个团队一样协同工作，孵化它们的蛋。鹦鹉蛋看起来很像鸡蛋，都是圆滚滚的，几乎是纯白色。蛋生下来以后，鹦鹉妈妈和鹦鹉爸爸会轮流坐在上面孵，尽管鹦鹉妈妈一般会比鹦鹉爸爸坐得时间长一些。大多数的鹦鹉蛋大概需要孵化3周。鹦鹉宝宝刚从壳里孵化出来的时候，它们背上仅有一层薄薄的绒毛，将近两周不会睁开眼睛。头一个月里，它们非常脆弱。在鹦鹉宝宝孵化出来以后，鹦鹉妈妈会和它们待在一起，鹦鹉爸爸负责外出找寻食物。后代要跟随父母生活3年，直到它们独立，但幼鸟6个月便能长到成体那么大。

世界上体形最大的鹦鹉是哪一种？ 作为世界上体形最大的鹦鹉，紫蓝金刚鹦鹉的体长超过1米，它们的尾巴占了身体总长度的一半，体重可达1.7千克。它们具有美丽鲜艳的深蓝色羽毛和弯钩一样的巨大黑色鸟喙，鸟喙的后端及眼周有黄色的裸露皮肤。紫蓝金刚鹦鹉的声音非常嘹亮，甚至在1.5千米之外都能听到它们的叫声。野生紫蓝金刚鹦鹉的故乡在巴西，全球95%的野生紫蓝金刚鹦鹉栖息于此。它们喜爱在开阔的树林里活动，通常成对或成群出现，很少会单独行动。

金刚鹦鹉的喙有多厉害？ 金刚鹦鹉的喙所能张开的程度远远超过你的想象，因为其有着极为灵活的咬合点连接着上喙和颅骨。它们结实的钩状喙就像是第三条腿，在它们爬树时能牢牢抓住树枝。喙的力气极大，一只金刚鹦鹉的喙能产生141千克每平方厘米（1千克力每平方厘米约等于98 000帕）的压强。森林中许多棕榈树上挂着硕大的果，通常这些果实的皮极其坚硬，人用锤子也很难砸碎，而金刚鹦鹉却能轻巧地用喙将其外皮碾开，吃到果肉。

金刚鹦鹉的食物有哪些? 金刚鹦鹉的食物大部分是种子、浆果和坚果。为了避免与其他森林植食性动物如僧面猴之间的竞争,金刚鹦鹉会食用那些未成熟的果实和有化学防御机制、通常口味很差甚至对其他动物而言有毒的植物。所以,金刚鹦鹉们会选择性地食用特定的黏土来中和消化道中的毒素,这些黏土常常能够在河岸侵蚀面或泥崖上找到。金刚鹦鹉在进食完毕后,大多数会飞到这种地方,吃些黏土做的"餐后点心",这样一来,不仅可以补充矿物质,还能帮助消化、排出食物中的毒素。

金刚鹦鹉如何表达感情? 啄毛行为可以使金刚鹦鹉保持干净,并能驱除寄生虫,还可以使家庭关系更加密切。实际上,如果亲鸟不再给后代啄毛的话,这意味着后代自立门户的时候到了。绝大部分鹦鹉为单配制,雌雄鹦鹉通常结为终身伴侣,双方始终在一起,配偶关系在相互喂食和梳羽中得到进一步巩固。在交配前,大部分雄性鹦鹉会用多种相对简单的动作和姿势在雌性鹦鹉面前炫耀,如屈身、跳跃、拍翅和扇翅、摇尾和踱步等,还会炫耀体羽中鲜艳的部位,色彩绚丽的眼虹膜会变大,这种现象被称为眼睛的"放电"。当雌性鹦鹉准备交配时,会采取典型的蹲伏姿势,让雄性鹦鹉骑在上面,而准备交配的雄性鹦鹉会在雌性鹦鹉背上做出奇特的踩踏动作。

金刚鹦鹉也会"住房紧张"吗？ 由于金刚鹦鹉不会筑巢，所以它们需要一个树洞作为巢穴。巢穴通常距地面有一定的高度。它们一般入住其他鸟类如啄木鸟等所掘的树洞，或居于因树变腐朽或某根树枝掉落而形成的洞窟中。但是现在，许多高大的树木都被砍伐了，导致很多金刚鹦鹉无法找到合适的树洞。

某些鹦鹉超强的"口技"是因为它们懂得人类语言的含义吗？ 为什么人们喜欢饲养鹦鹉呢？因为鹦鹉不仅有非常美丽的羽毛，而且它们中的一些还具有超强的模仿人类说话的本领。人们对鹦鹉最为钟爱的技能当属效仿人言。事实上，它们的"口技"在鸟类中的确是非常超群的。这是一种条件反射、机械模仿而已。这种仿效行为在科学上也叫效鸣。由于鸟类没有发达的大脑皮层，因而它们没有思想和意识，不可能懂得人类语言的含义。

鹦鹉的进化起源来自哪里？ 由于存在诸多与众不同的特征，因此，很难判定鹦鹉与其他鸟类之间的亲缘关系。它们经常被认为介于鸽形目和鹃形目之间，但鹦形目与这两目的关系显得有些牵强。虽然近年来基因技术迅速兴起，但至今无法破解鹦鹉的进化历程。这说明它们可能是从鸟类早期进化过程中的某个谱系分化而来的，是一个古老的群落。

判断对错

1. 金刚鹦鹉每只脚有5个脚趾。
2. 金刚鹦鹉在脸部的两侧有大片的裸露皮肤。
3. 金刚鹦鹉自己会筑巢。
4. 金刚鹦鹉喜欢独居。
5. 金刚鹦鹉选择性地食用特定的黏土来中和消化道中的毒素。

答案：1.× 2.√ 3.× 4.× 5.√

悬停大师——蜂鸟

明星名片

　　蜂鸟学名Trochilidae，是雨燕目的一科，其下物种统称为蜂鸟。它们体形小，飞行本领高超，能够以快速扇动翅膀（每秒70次，取决于鸟的大小）的方式悬停在空中，也是唯一可以向后飞的鸟类类群。蜂鸟的羽毛一般为蓝色或绿色，下体较淡，有的雄鸟具有羽冠或修长的尾羽。雄鸟中，绝大多数为蓝绿色，也有的为紫色、红色或黄色，而雌鸟的体羽则较为暗淡。它们居住的范围也十分广阔，从高达4 000米的安第斯山直到赤道区域的亚马孙河热带雨林都有分布，有的蜂鸟生活在干旱的灌木丛林，也有蜂鸟生活在潮湿的沼泽地区。蜂鸟喜爱有花植物，以花蜜为主食，所以它们也是重要的传粉者。

Hummingbird

界：动物界 Animalia

门：脊索动物门 Chordata

纲：鸟纲 Aves

目：雨燕目 Apodiformes

科：蜂鸟科 Trochilidae

属（部分）：

辉蜂鸟属 *Heliodoxa*

长尾蜂鸟属 *Aglaiocercus*

翠蜂鸟属 *Chlorostilbon*

耳蜂鸟属 *Colibri*

隐蜂鸟属 *Phaethornis*

宝石蜂鸟属 *Lampornis*

红隐蜂鸟属 *Phaethornis*

吸蜜蜂鸟属 *Mellisuga*

巨蜂鸟属 *Patagona*

蜂鸟有哪些特征？ 蜂鸟有各式各样的喙部形态，不同长度和形状的鸟喙通常是识别其食用不同花卉的良好指标。蜂鸟有可伸展的分叉舌头，便于吸食花蜜。它们是典型的小脚鸟类，不能在地面行走，在栖木上变换位置也是通过飞行而不是行走。蜂鸟的许多骨骼和飞行肌都已适应空中悬停和高速机动的飞行，蜂鸟是唯一一种能真正悬停和前后飞行的鸟类。蜂鸟飞行中发出的"嗡嗡"声，是由其外侧初级飞羽产生的，而蜂鸟的英文名"Hummingbird"也源自它们"嗡嗡嗡"的声音。蜂鸟和其他鸟类一样，没有发达的嗅觉系统，而主要依赖视觉，也不同于大多数脊椎动物，蜂鸟对325—360纳米的紫外光敏感，方便它们寻找一些有紫外色谱的花朵。雄鸟的羽毛色彩可被雌鸟和同种竞争者用来评估其领导力、地位以及辨别种类。

蜂鸟的"幻影"绝技是如何练成的？ 蜂鸟在飞行时，两翼在身体两侧垂直上下快速扇动。当它们悬停在空中时，它们的翅膀平均每秒扇动54次，在垂直上升、下降或前进时每秒可扇动75次。这就是它们为何身体小，飞行时翅膀出现幻影的道理。蜂鸟在空中所有的活动都是靠翅膀的快速扇动来完成的，不过它们并不是飞行速度最快的鸟类。为适应翅膀的快速扇动，蜂鸟的代谢率是所有动物中最快的，它们的心跳能达到每分钟100—1 000下。蜂鸟每天消耗的食物远超过它们自身的体重，为了获取巨量的食物，它们每天必须采食数百朵花，吃下约为自身体积2倍的食物。有时候蜂鸟必须忍受好几个小时的饥饿，为了适应这种情况，它们能在夜里或不容易获取食物的时候减慢新陈代谢速度，进入一种像冬眠一样的状态，称为"蛰伏"。在"蛰伏"期间，心跳的速率和呼吸的频率都会变慢，从而降低对食物的需求。

你知道这些各具特色的蜂鸟吗？ 蜂鸟亚科有呈红、橙、蓝、绿金属光泽的虹彩羽毛。虹彩羽毛主要集中于雄鸟的头部、上体和下体。一些雄鸟还有鲜明喉斑、羽冠、细长尾羽等靓丽羽饰。小型的红隐蜂鸟（*Phaethornis ruber*）和吸蜜蜂鸟（*Mellisuga helenae*）体重不足2克，而大型的巨蜂鸟（*Patagona gigas*）体重可达19—21克，不过大多数蜂鸟的体重在2.5—6.5克。

蜂鸟如何"为鸟处世"？ 蜂鸟为独栖性动物，仅在繁殖季结对。雄鸟会用鸣唱、虹彩羽毛以及炫耀飞行等方式吸引雌鸟。但雄鸟不提供亲代抚育，一般由雌鸟单独构巢、孵卵和抚育后代。许多种类的雄性蜂鸟具有领域性，该领域以食源地为中心，由雄鸟竭力守护。雄鸟通常栖息于醒目位置四处观察，如果有入侵者进犯领地，雄鸟会发出警告，并悬停半空闪动虹彩羽毛，必要时驱赶入侵者，冲突偶尔会逐步升级，演变为以嘴作武器的互斗。当食物稀缺时，领主会减少费力驱赶入侵者的行为。所以，如果不在繁殖期，雄鸟也会为了保护领地而驱赶雌鸟。

蜂鸟的祖先何时诞生? 蜂鸟的体形小,骨架不易保存成为化石,因此其演化史至今仍未解。现今的蜂鸟大多生活在中南美洲,在南美洲曾发现100万年前的蜂鸟化石,因此动物学家认为蜂鸟是源自更新世;然而在欧洲,动物学家也发现了欧洲蜂鸟的化石,而且是迄今已知最早的蜂鸟化石,距今有3 000多万年的历史,如此可知蜂鸟的祖先远在渐新世的时候便出现了。有研究表明,所有现代蜂鸟最近的共同祖先,在2 240万年以前就已经居住在南美洲的某些地区,随后它们以极快的速度经历了多样化。

蜂鸟的种群现状如何? 由于蜂鸟的羽毛十分华丽,在19世纪的时候,欧美妇女常用蜂鸟的羽毛作为帽饰,还有商人收购蜂鸟皮,对蜂鸟的生存造成很大威胁。在现代社会中,随着森林的砍伐、耕作的发展,蜂鸟赖以生存的栖息地被人类逐渐破坏,有的蜂鸟也面临灭绝的危险。

判 断 对 错

1. 蜂鸟是世界上飞行速度最快的鸟。

2. 蜂鸟是由它们飞行的声音而得名的。

3. 蜂鸟主要依赖嗅觉来寻找食物。

4. 雄性蜂鸟会在非繁殖期为了保护领地而驱赶雌鸟。

5. 蜂鸟种类很多,所以其种群已经不受任何威胁了。

答案: 1.× 2.√ 3.× 4.√ 5.×

神仙大鸟——安第斯神鹫

明星名片

安第斯神鹫学名*Vultur gryphus*，又名安第斯神鹰，是南美洲的一种新大陆鹫。安第斯神鹫分布于南美洲太平洋沿岸到安第斯山脉的平原地区，主要活动于辽阔的草原及海拔高达5 000米的山区。体长100—130厘米，雄鹫体重11—15千克，雌鹫体重8—11千克，翼展可达320厘米，是世界上展翼最宽的猛禽之一。安第斯神鹫是黑色的鹫，颈部底环绕有一圈白色羽毛，两翼上有很大的白斑，雄鹫更为显眼。头部及颈部几乎没有羽毛，呈暗红色，会因情绪而变色。安第斯神鹫的雄鹫头上有一个暗红色的肉冠且雄鹫体形较雌鹫大。安第斯神鹫主要吃腐肉，喜欢鹿或牛等大型动物的尸体。它们喜欢栖息在海拔3 000—5 000米的岩壁上，每次会产1枚或2枚蛋。安第斯神鹫是世界上最长寿的鸟类，寿命一般可达50年。

Andean Condor

界：动物界 Animalia
门：脊索动物门 Chordata
纲：鸟纲 Aves
目：美洲鹫目 Cathartiformes
科：美洲鹫科 Cathartidae
属：安第斯神鹫属 *Vultur*

安第斯神鹫为什么会"秃头"呢？ 安第斯神鹫的头部和颈部除了常常呈现红色至暗红色，最突出的特点是没有什么羽毛，看上去就像是"秃头"了一样。其实不仅是安第斯神鹫，它们的美洲鹫家族成员脑袋多多少少都是这副形象。甚至它们的远亲，生活在旧大陆——亚洲大陆的各种兀鹫，脑袋和脖子更秃。其实这些鸟类的"秃头"造型都是演化的结果。因为它们的主要食物是腐烂的尸体，头颈部羽毛的减少有利于紫外线直接给它们裸露在外的皮肤消毒，从而避免污浊的羽毛造成疾病和感染。就安第斯神鹫而言，更为神奇的是它们头部和颈部的肤色甚至会随着情绪的变化而变化，就像人类"变脸"一样。

安第斯神鹫是怎样求爱的呢？ 安第斯神鹫求爱时，雄鹫的颈部会由暗红色变为鲜黄色，并且会张开。它们会伸出颈来接近雌鹫，显示它们的颈部及胸部，并且发出嘶嘶声，接着会张开双翼，直立并摆动舌头，它们也会一边跳一边叫或者跳舞来示爱。

安第斯神鹫在滑翔时为什么很少扇动双翼呢？ 安第斯神鹫飞行时会在空中盘旋，姿势优美。因为它们没有支撑大型肌肉的胸骨，所以主要以滑翔的方式飞行。它们会在地上扇动双翼，上升至一定高度时，扇动的次数变得很少，只依赖气流来保持高度。达尔文曾观察它们飞行了1.5小时仍不见它们扇动一次双翼。它们喜欢栖息在高处，可以减少大力扇动双翼的次数。它们有时也会在岩壁滑翔，借助气流之力上升。

安第斯神鹫为什么进食后不爱运动呢？ 跟许多旧大陆鹫不同，安第斯神鹫很少聚成几十只的大群一起进食。安第斯神鹫常常在吃食后飞到高高的悬崖上久"坐"，因为它们吃得太多太饱。安第斯神鹫只会间歇性觅食，甚至几日也不进食，一旦进食就会一次吃几磅腐肉，有时甚至吃到飞不起来。不过，它们的消化系统发达，消化力强，即使所食过多也能顺利消化。

安第斯神鹫是靠嗅觉寻找食物的吗？ 安第斯神鹫是食腐动物，主要吃腐肉。野生的安第斯神鹫栖息在大片土地，一日会飞行超过200千米来觅食。在内陆地区，它们喜欢吃大型陆生动物的尸体；在近岸地区，它们则喜欢吃水生哺乳动物的尸体。它们也会袭击其他鸟类的巢穴，偷鸟蛋吃。它们靠视觉或跟踪其他食腐动物来寻找尸体，同时它们也会跟踪美洲鹫属的红头美洲鹫、小黄头美洲鹫及大黄头美洲鹫等其他几种同类，因为这些美洲鹫属的同类可以靠嗅觉来侦测尸体腐化初期发出的乙硫醇。

　　安第斯神鹫的雏鸟和它们的爸爸妈妈住在一起吗？ 安第斯神鹫一般在海拔3 000—5 000米的地方筑巢及繁殖，巢由树枝构成，安置在岩壁上及石缝间。每次产1枚或2枚蛋，蛋呈蓝白色，重约280克，长7.5—10厘米。孵化期为54—58日，雄鹫和雌鹫会一同孵化。若雏鸟或蛋失踪，就会再产一枚蛋来取代原有的。雏鸟体羽灰色，差不多与父母一样大小，出生后6个月就可以飞行，但仍会与双亲同住及觅食直至2岁。

　　安第斯神鹫在安第斯神话中象征着什么吗？ 安第斯神鹫是阿根廷、玻利维亚、智利、哥伦比亚、厄瓜多尔及秘鲁的国家象征，且在南美洲安第斯山脉地区的传说及神话中有着重要的地位，犹如白头海雕在北美洲的地位一般。在安第斯神话中，它们与太阳神有关，安第斯人把它们当作"安第斯文明之魂"而加以尊敬。安第斯神鹫象征着权力及健康，而其骨头及器官更被认为有医药功效。

判断对错

1. 安第斯神鹫是食草动物。
2. 安第斯神鹫是世界上最长寿的鸟类。
3. 小安第斯神鹫是由安第斯神鹫妈妈和安第斯神鹫爸爸共同孵化的。
4. 安第斯神鹫是阿根廷、智利、秘鲁的国家象征。
5. 安第斯神鹫喜欢聚成几十只的大群一起进食。

答案：1.× 2.√ 3.√ 4.√ 5.×

天空霸主——角雕

明星名片

角雕学名*Harpia harpyja*，在中美洲和南美洲分布广泛。在中美洲，它们的活动范围从墨西哥南部开始，一直延伸到巴拿马南部。角雕是大型猛禽，体形大，喙和爪均强健，腿部羽毛一直覆盖至接近脚爪。上喙边端具弧形垂突，适于撕裂猎物吞食；喙的基部具蜡膜或须状羽；翅强健，翅宽圆而钝，扇翅及翱翔飞行，扇翅节奏较隼科的鸟慢；跗跖部大多相对较长，约等于胫部长度。角雕是一种体形巨大、性情强悍的林栖猛禽，体长可达85—105厘米，体重4—10千克，雌鸟显著大于雄鸟。它们栖息于开阔平原、草地、荒原和低山丘陵地带。角雕是肉食性的，会主动捕获猎物。它们的猎物主要是树上的哺乳动物，如吼猴、长鼻浣熊及树懒，它们也会攻击其他鸟类，一般通过在空中盘旋来观察和觅找猎物。

Harpy Eagle

界：动物界 Animalia
门：脊索动物门 Chordata
纲：鸟纲 Aves
目：鹰形目 Accipitriformes
科：鹰科 Accipitridae
属：角雕属 *Harpia*

角雕的名字是怎么来的？ 角雕由林奈于1758年命名，是被最早命名的生物之一，当时被归入神鹫属，直到1816年才拥有了自己的属，属内只有角雕一种。它们的属名和种加词均来源于希腊神话中的鹰身女妖哈耳皮埃，因此又被音译成哈佩雕。传说哈耳皮埃长着妇人的头、鹰的翅膀与脚爪，性情贪婪凶残。但是这个名字对于角雕来说，显然是一个污名。在瑰丽雄奇的热带雨林中，角雕无疑是闪亮的明珠，没有任何词汇能比"壮美"一词更能贴切地形容它们。

角雕也是鹰吗？ 当然是！和大多数鹰一样，因为它们不强的夜视能力，角雕也习惯于在白天捕猎。只不过角雕体形巨大，在野外，成年雌性的体重可达8—10千克，而雄性的平均体重在4—5千克之间，有一只圈养的角雕甚至达到了12千克。它们是世界上最大的鹰之一，身高在85—105厘米之间，也就是说它们的身高和人蹲下来时的高度差不多呢！作为雨林上层的顶级掠食者，角雕的捕食能力可以说是非常强的！它们是世界上最强大的猛禽，拥有鸟类中最大尺寸的脚爪，其粗壮程度堪比我们人类的手臂。而它们的后爪长度可以超过6厘米，只有冠鹰雕能与之相提并论。作为林栖猛禽，角雕的翅膀短而宽阔，翼展达175—225厘米，由于翅膀较短，角雕不能作长距离飞行；但短翅增强了飞行的机动性，使其可在密密匝匝的林木间畅通无阻地穿行。

角雕靠什么捕猎呢？ 角雕的视觉和听觉是非常敏锐的。它们有着优秀的双目视觉，常高居于树冠顶层，四下扫视猎物。一旦发现猎物，角雕会像一块黑幕飘然起飞，穿过茂密的林冠层，像探囊取物一般将猎物攫走，过程迅速而流畅。角雕的听觉也是非常厉害的，它们面部羽毛在耳朵周围形成了圆盘状，圆盘形状将声波直接投射到它们的耳朵，使它们能听到周围微小的声音。

角雕吃什么？ 角雕最主要的猎物是毫无抵抗能力、与世无争的树懒。因为树懒行动缓慢，只凭巧妙的伪装避敌，一旦被角雕发现只有死路一条。在角雕的巢穴内经常能够找到树懒的头颅，其中一些已被利爪刺穿。二趾树懒和三趾树懒占角雕食谱的70%以上。此外，角雕还会捕食少量的爬行类、鸟类以及其他中小型哺乳动物等。

角雕是"一夫一妻制"吗？ 角雕一般会在4—5岁时开始寻找伴侣，并且与之共度一生，在它们长达25—35年的寿命中，和伴侣在一起的时间有的可长达30年。一旦找到伴侣，"新婚燕尔"的它们就会开始寻找合适的筑巢地点。

角雕在繁育后代上和其他动物有什么不同吗？ 雌鸟一般一次只会产下两枚蛋，在孵化期间，雄性处理大部分狩猎工作，并且仅在雌性休息觅食时才帮忙将蛋孵化一小段时间。但是一旦两枚蛋中有一枚先孵化出来，另外一枚就会被忽略，因为父母会专注于抚养先出生的小鸟。

角雕宝宝是如何长大的？ 角雕宝宝会在出生后5—6个月内极速成长至成鸟大小，并开始学习飞行。它们的学习速度很快，在几天内就能学会飞行。但是它们需要几年的时间去完善它们的捕猎技巧。一般两年过后，它们都能够完全自主独立地捕猎，并在这时离开父母开始独立生活。

角雕的数量有多少？ 由于过度砍伐和森林破坏，角雕在许多地区几乎已灭绝。自然给了角雕强大的力量，却没有给它们随遇而安的本领。它们对生境的要求相对苛刻，这也使得它们所面临的威胁日益严重。角雕这样的大型猛禽需要大面积完整的热带雨林以维持生计，随着热带雨林被砍伐破坏，适合角雕生存的环境正在逐渐减少。为了保护该物种免于灭绝，人们已经在其整个栖息地范围内进行了几次保护运动，但它们的数量仍在继续下降。除非停止森林砍伐，否则角雕很可能会在不久的将来从野外消失。根据2008年进行的一项调查，估计野外还剩下不到50 000只个体。角雕作为捕食者对热带雨林生态系统非常重要。这种重要生物的灭绝可能对中美洲和南美洲的整个热带雨林生态系统产生不利影响。

判断对错

1. 角雕性情温和。
2. 角雕只吃树懒。
3. 角雕一生只有一个伴侣。
4. 角雕习惯晚上捕猎。
5. 角雕宝宝会一直生活在父母身边。

答案：1.✕ 2.✕ 3.✓ 4.✕ 5.✕

复古奇鸟——麝雉

明星名片

麝雉学名 *Opisthocomus hoazin*，意为"梳披肩发的雉"，生活在南美洲热带地区，主要分布于南美洲亚马孙河流域。麝雉体长达61厘米，但体重仅810克。它们的头特小，颈细长，从正面看，头和颈的外形很像孔雀。它们的翅膀较大，不过飞行能力并不强，只能笨拙地进行短距离飞行。麝雉的上体为暗褐色，头冠为红褐色，脸部的裸出部为蓝色，下体为橘黄色，腹部为铁锈色，雌雄体色相同。麝雉常以小群体的形式生活，无固定配偶，共同育雏。巢由一团细枝构成，筑于水面的树枝上，每窝产2—5枚蛋。它们的幼雏每侧翅弯处有2个大爪，适于攀登树木。

Stinkbird

界：动物界 Animalia
门：脊索动物门 Chordata
纲：鸟纲 Aves
目：麝雉目 Opisthocomiformes
科：麝雉科 Opisthocomidae
属：麝雉属 *Opisthocomus*

麝雉的名字中为什么有一个"麝"字? 麝雉之所以被加上"麝"的桂冠,是因为它们的身体散发出一种难闻的气味,但又并不能像麝一样产名贵的麝香,因而它们又被当地人称为"臭安娜"。

麝雉"家庭"中的神秘"保姆"是谁? 鸟类学家斯图瓦特曾观察到大约60%的麝雉"家庭"有"保姆",大多数只有1个,多的达3个,多于3个"保姆"的"家庭"是罕见的。这些"保姆"或者是这个"家"的孩子,或者是根本没有血缘关系的其他个体。它们帮助"主人"保护领地、看护幼雏,有时也帮助"主人"建巢,甚至帮助"主人"交配。从某种意义上说,这些"保姆"将来也许会成为"主人"的继承者。它们在帮助"主人"的过程中积累了很多经验,而且可以在"主人"占领的领域内取食。如果"主人"发生意外,它们会很自然地取而代之,成为新的"主人"。

为什么麝雉"家庭"之间易爆发斗争? 麝雉往往由一小群组成一个"家庭",每个"家庭"的势力范围半径为35—40米。如果一个"家庭"越界,会很快引起"家庭"之间的争斗。

麝雉靠什么填饱肚子？ 麝雉的食谱很简单，它们特别喜欢吃珍珠树上的树叶。黎明前和午后是它们进食的时候，进食之前，麝雉会慢条斯理地在树林中转来转去，一旦发现一串中意的树叶，它们便用嘴将树叶从树上全部撸下来，狼吞虎咽地吃下肚去，一点也不讲礼仪。吃到惬意时，它们还会又跳又哼，发出的声音活像一只呼吸有问题的粗嗓门鹅。

麝雉的消化能力有多强？ 麝雉所食的树叶含有大量的纤维素，很难消化，对幼雏尤其如此。不过，麝雉的消化系统却有办法对付这些"纤维素食物"。它们的嗉囊已进化成半消化器官，其中有大量的共生细菌可先把树叶分解，再让食物进入胃中消化吸收。这同反刍食草动物的消化过程很相似。刚刚孵出的幼雏吃的就是成鸟嗉囊中半消化的食物。

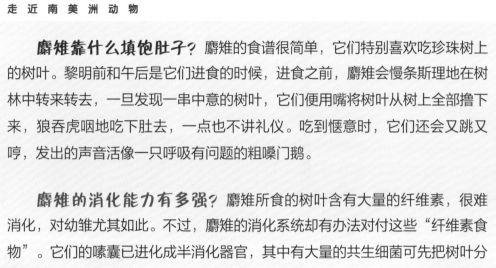

麝雉会游泳吗？ 麝雉栖息于经常遇到水淹的森林中，不善于飞行，却擅长游泳。雏鸟出壳时，身上有稀疏的胎毛，而且它们前肢第一和第二指上长有奇特的长爪子，它们用长爪子和硬嘴巴迅速攀登树木，也与成鸟一样会游泳。遇到敌害时，幼鸟除了攀树也会游水逃避，待危险过后重新爬回巢中。有趣的是，它们长大之后，长爪子便会消失。

不爱动的麝雉什么时候最活跃？ 成年的麝雉很少在水中游泳，也不经常飞行，除了觅食外，它们很少活动，只是像蛙类一样久久地坐卧，栖息在树枝上。特别是在天气炎热时，麝雉大多隐伏不动。但是在黎明、黄昏，尤其是月夜时，它们非常活泼，会在枝间跳动，甚至攀登树顶，觅取食物。

判断对错

1. 麝雉的身体会散发出一种难闻的气味。
2. 麝雉"家庭"之间从不发生任何争斗。
3. 麝雉特别喜欢吃珍珠树上的树叶。
4. 刚孵出的幼雏吃的是成鸟从外面带回来的食物。
5. 麝雉擅长游泳。

答案：1.√ 2.× 3.√ 4.× 5.√

三、你能把动物名称和相应图片连起来吗?

卷尾猴或松鼠猴

狨猴

美洲驼

巴西三带犰狳

草原西貒

亚马孙河豚

眼镜熊

树懒

鬃狼

美洲豹

大食蚁兽

吼猴

南美貘

水豚

巨嘴鸟

金刚鹦鹉

蜂鸟

安第斯神鹫

角雕

麝雉

四、一起来画一画吧!

狨猴

卷尾猴

美洲驼

南美貘

草原西猯

亚马孙河豚

眼镜熊

树懒

鬃狼

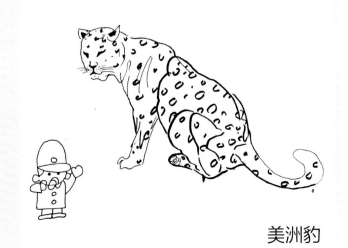

美洲豹

巴西三带犰狳

吼猴

大食蚁兽

水豚

巨嘴鸟

金刚鹦鹉

蜂鸟

安第斯神鹫

角雕

麝雉

五、一起来学习一下动物的科学分类吧！

中文名称	英文名称	拉丁学名	界	门	纲	目	科	属
卷尾猴和松鼠猴	Capuchin and Squirrel Monkey	Cebinae and Saimiriinae	动物界	脊索动物门	哺乳纲	灵长目	卷尾猴科	卷尾猴属、松鼠猴属等
狨猴	Marmoset / Tamarin	Callitrichinae	动物界	脊索动物门	哺乳纲	灵长目	狨科	狨属、柽柳猴属等
美洲驼	Laminoids	Vicugna and Lama	动物界	脊索动物门	哺乳纲	鲸偶蹄目	骆驼科	小羊驼属、大羊驼属
巴西三带犰狳	Brazilian Three-banded Armadillo	Tolypeutes tricinctus	动物界	脊索动物门	哺乳纲	有甲目	倭犰狳科	三带犰狳属
草原西猯	Chacoan Peccary	Catagonus wagneri	动物界	脊索动物门	哺乳纲	鲸偶蹄目	西猯科	草原西猯属
亚马孙河豚	Boto	Inia geoffrensis	动物界	脊索动物门	哺乳纲	鲸偶蹄目	亚马孙河豚科	亚马孙河豚属
眼镜熊	Andean Bear	Tremarctos ornatus	动物界	脊索动物门	哺乳纲	食肉目	熊科	眼镜熊属
树懒	Bradypod / Sloth	Folivora	动物界	脊索动物门	哺乳纲	披毛目	树懒科、二趾树懒科	树懒属、二趾树懒属
鬃狼	Maned Wolf	Chrysocyon brachyurus	动物界	脊索动物门	哺乳纲	食肉目	犬科	鬃狼属
美洲豹	Jaguar	Panthera onca	动物界	脊索动物门	哺乳纲	食肉目	猫科	豹属
大食蚁兽	Giant Anteater	Myrmecophaga tridactyla	动物界	脊索动物门	哺乳纲	披毛目	食蚁兽科	大食蚁兽属
吼猴	Howler Monkey	Alouatta	动物界	脊索动物门	哺乳纲	灵长目	蜘蛛猴科	吼猴属
南美貘	South American Tapir	Tapirus terrestris	动物界	脊索动物门	哺乳纲	奇蹄目	貘科	貘属
水豚	Capybara	Hydrochoerus hydrochaeris	动物界	脊索动物门	哺乳纲	啮齿目	豚鼠科	水豚属
巨嘴鸟	Toucan	Ramphastos	动物界	脊索动物门	鸟纲	䴕形目	鵎鵼科	鵎鵼属
金刚鹦鹉	Macaw	Psittacidae	动物界	脊索动物门	鸟纲	鹦形目	鹦鹉科	金刚鹦鹉属、小蓝金刚鹦鹉属等
蜂鸟	Hummingbird	Trochilidae	动物界	脊索动物门	鸟纲	雨燕目	蜂鸟科	吸蜜蜂鸟属、巨蜂鸟属等
安第斯神鹫	Andean Condor	Vultur gryphus	动物界	脊索动物门	鸟纲	美洲鹫目	美洲鹫科	安第斯神鹫属
角雕	Harpy Eagle	Harpia harpyja	动物界	脊索动物门	鸟纲	鹰形目	鹰科	角雕属
麝雉	Stinkbird	Opisthocomus hoazin	动物界	脊索动物门	鸟纲	麝雉目	麝雉科	麝雉属

内容撰写和图片提供者名录

内容撰写者 (排名不分先后)

何　鑫：卷尾猴和松鼠猴、狨猴、美洲驼、南美貘

高　艳：巴西三带犰狳、草原西猯

严沁毅：草原西猯、眼镜熊

王晨玮：亚马孙河豚、南美洲

金　娴：亚马孙河豚

宋婉莉：树懒、蜂鸟

陈佳佳：鬃狼

卓京鸿：美洲豹、南美貘、水豚

赵　妍：大食蚁兽、巨嘴鸟

周进强：吼猴

冯　羽：金刚鹦鹉

李小庆：安第斯神鹫、麝雉

艾丽菲拉：角雕

原创摄影照片提供者 (排名不分先后)

特别感谢Pexels数据库和Wikipedia提供的免费照片。

刘　毅：水豚，摄于秘鲁

李明学：水豚，摄于巴西

张　晖：水豚和亚马孙河豚，摄于玻利维亚

沈梅华：水豚

姜　楠：亚马孙河豚，摄于巴西

美术作品手绘作者 (排名不分先后)

特别感谢上海市香山中学的老师和学生们！

余佳欣：安第斯神鹫

徐喆优：卷尾猴

刘　艾：大食蚁兽

王思婕：美洲驼

张程凤：水豚

黄曾祺：美洲豹

黄晓雯：亚马孙河豚

程怡雯：狨猴

陈雅琪：草原西猯

陈怡昕：金刚鹦鹉

葛圆媛：蜂鸟

吕彬灏：巴西三带犰狳

姚聃妮：树懒

张绮轩：巨嘴鸟

陈昕怡：吼猴、南美貘、鬃狼

王炎婷：角雕、麝雉

经乐妍：眼镜熊

特别感谢来自上海铁路局退休工程师的手绘简笔画！

冯永明：所有动物的简笔画

AR（增强现实）使用说明

1. 检查配置

苹果 iOS 平台

支持iOS 7.0以上版本系统；

支持iPhone 5以上，iPad 2以上（包括iPad Air）。

安卓 Android 平台

支持装有Android 4.1以上版本。

CPU: 1 GHz（双核）以上

GPU: 395 MHz以上

RAM: 2 GB

为保证使用流畅，请在安装之前，确认手机或平板电脑内预留2GB以上的可用容量。

2. 下载程序

方法一： 网址 http://hd.glorup.com

方法二：扫描二维码

进入"走近动物"界面，选择苹果或安卓系统对应安装。

3. 操作步骤

步骤一：点击"走近动物"APP图标进入程序。

步骤二：点击程序界面中的"南美洲动物系列"按钮，再点击"开始"按钮进入程序。注意：过程中请确保手机或平板电脑与互联网连接。

步骤三：将手机或平板电脑摄像头对准书中标有"AR魔法图片"的手绘图进行扫描（适宜范围20—40cm），即可感受4D奇妙乐趣。

4. 使用须知

● 确保手机或平板电脑扬声器已经打开，以便欣赏其中的音效。

● 在欣赏4D动画时，可以适当转动手机或平板电脑

的角度，从不同的方向观看，也可以脱离已识别的"AR魔法图片"区域，对识别到的动画进行放大、缩小、旋转和位移操作，并且与动物拍照互动。

界面说明

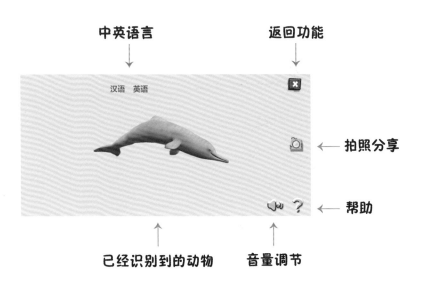

提示：以下情况可能会造成图像不能被识别

● 强烈的阳光或灯光直射造成页面反光。

● 昏暗的环境或光线亮度不停变换的环境。

● 在指定图片以外的区域扫描。

● 页面图片有大面积破损、折断、污染、变形等。

AR 技术支持　QQ：3490780553

参考文献

[1] Don E Wilson, Russell A Mittermeier, et al. *Handbook of the Mammals of the World: Volume 1-9*. Barcelona : Lynx Edicions.

[2] Josep del Hoyo, Andrew Elliott, Jordi Sargatal, et al. *Handbook of the Birds of the World: Volume 1-16*. Barcelona : Lynx Edicions.